JN218521

RENEWABLE ENERGY

再生可能エネルギー

―鹿児島での取り組み―

鹿児島大学重点領域研究
「エネルギー」グループ 編

南方新社

はじめに

　私たちは家庭だけでなく，オフィス，商業施設，工場，農業，運輸などさまざまな場所や分野でエネルギーを使っています．その形態も電気，都市ガス，ガソリン，灯油，石炭などさまざまです．電気，都市ガス，ガソリンなど最終的に使用する形態のエネルギーを二次エネルギーと呼ぶのに対して，石油，天然ガス，石炭など自然の形態のエネルギーを一次エネルギーと呼びます．電気は主として火力発電所で発電されますが，その燃料は天然ガス，石炭および石油です．都市ガスは天然ガスから製造され，ガソリンや灯油は石油から製造されます．

　日本は一次エネルギーのほとんどすべてを輸入に頼っています．これらの燃料は太古の生物が起源であるため化石燃料と呼ばれています．当然，無限に存在するものではありません．持続可能なエネルギーシステムが未だに構築されてないことを考えると，有限な資源はできるだけ多く未来の人類のためにとっておかねばならないでしょう．また，これらの燃料が燃やされると二酸化炭素を発生します．二酸化炭素は地球温暖化の原因物質のひとつとして考えられており，世界的に二酸化炭素排出量を削減する取り組みがなされています．

　ところで，太陽光，風力，水力，バイオマス（動植物に由来する有機物）などは再生可能エネルギーと呼ばれ，自然界に存在し，大気中の二酸化炭素濃度を増加させないエネルギーのことです．しかし，これらを利用する仕組みはコストが高くつくこと，安定して大量のエネルギーを得ることが難しいことなどの問題があり，その利用は少しずつ増えてはいますがまだ限られています．

　もちろん，世界中で再生可能エネルギーの研究は行われていますが，再生可能エネルギーは気候や農林畜産業の形態など地域の特性の影響を大きく受けます．そのため，それぞれの地域に適したシステムが必要となりますし，大規模集中型ではなく小型分散型となります．

　鹿児島大学重点領域研究「エネルギー」グループでは，バイオマス，太陽光，海洋エネルギーなど再生可能エネルギーを生産する実用技術の開発と，分散型再生可能エネルギーの利用システムの確立により地域再生や環境保持などの課

題を解決することを目指して，5つのグループが活動しています．

2018 年 5 月 24 日にはシンポジウム「鹿児島の再生可能エネルギーを考える 〜地域の再生可能エネルギー利用への取り組み〜」を鹿児島大学稲盛会館にて実施しました．タイトルと発表者は次のとおりです．

「エネルギー創出と農業振興に寄与するバイオマス活用システムの構築」
五島崇（鹿児島大学工学系助教）

「南九州地域の水素エネルギー」
平田好洋（鹿児島大学工学系教授）

「鹿児島地域の太陽光発電と桜島火山降灰の影響」
川畑秋馬（鹿児島大学工学系教授）

「鹿児島県の海洋再生エネルギーについて」
山城徹（鹿児島大学工学系教授）

「地域における自然エネルギーの利用」
市川英孝（鹿児島大学法文学系准教授）

「県の再生可能エネルギー政策について」
本多公明（鹿児島県エネルギー政策課長）

本書はこれらのグループの研究活動の一部について，その背景や目指すところを分かりやすく解説したものです．

また，鹿児島大学では平成 26 年度から 30 年度の期間，COC 事業を実施してきました．この事業では，鹿児島大学と鹿児島県の自治体との組織間協働連携によって地域課題の解決にあたってきました．また，その活動成果を活用した教育カリキュラムによる人材養成や生涯学習によって持続的な地域再生・活性化を目指しています．薩摩川内市は次世代エネルギー分野での取り組みを推

進しており，この事業にも参画しております．その取り組みについても本書で
紹介いたします．

鹿児島大学工学系教授

鹿児島大学重点領域研究「エネルギー」グループ

甲斐敬美

目　次

第 1 章

エネルギー創出と農業振興に寄与する
バイオマス活用システムの構築

五島　崇

1　鹿児島県の農業

　自然豊かな環境に恵まれた鹿児島県は，牛・豚・鶏・魚といった農畜産物や水産物の第 1 次産業が盛んである．図 1 に示す産業別県内総生産額（平成 27 年度は合計 5 兆 3885 億円）のうち第 1 次産業は 4.6 % を占め，全国平均の 4 倍程度に相当する．また，図 2 に示す業種別製造品出荷額（平成 26 年度は合計 1 兆 9128 億円）のうち加工食品などの食料や焼酎などの飲料に係る製造品出荷額が全体の半分以上を占めており，第 2 次産業や第 3 次産業では県内の豊富な第 1 次産業から得られる生産物を活かした商品の開発に取り組んでいる企

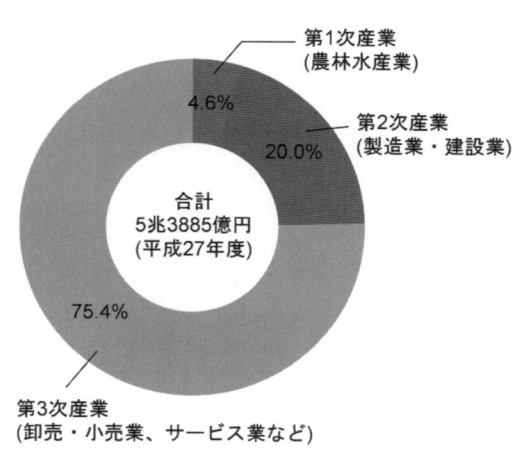

資料：県民経済計算年報

図 1　産業別県内総生産額

8

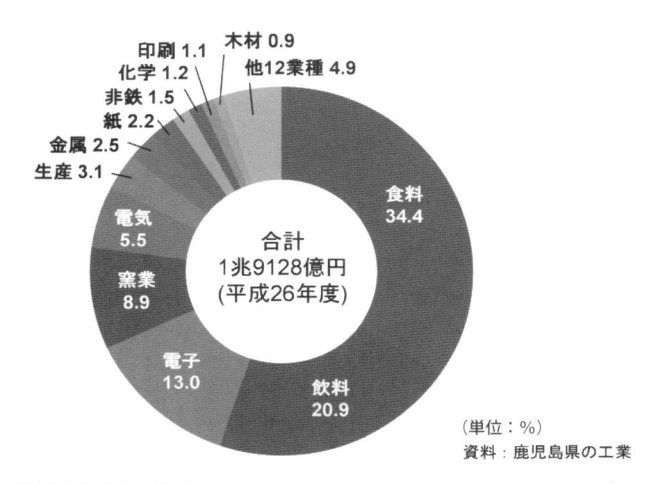

図2　業種別製造品出荷額の構成

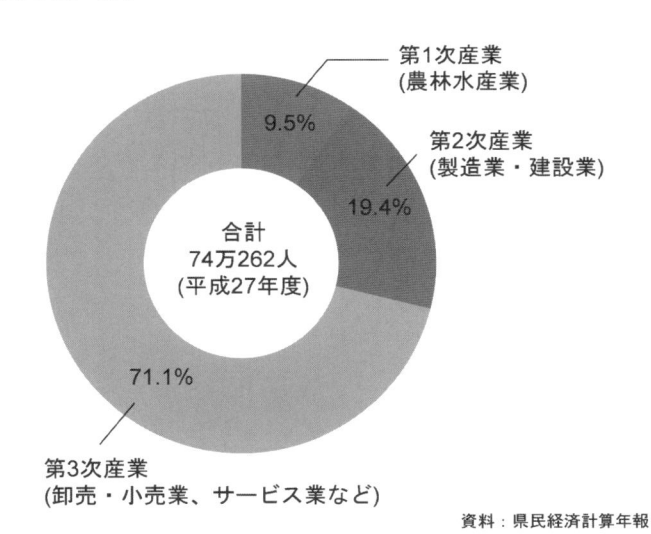

図3　産業別県内就業者数

業が数多く存在する．県では，県内で生産された農畜産物が市場関係者や消費者等に適正に評価され，安心・安全で品質の良い農畜産物を安定的に継続して生産出荷できるように，一定の品質基準等をクリアしたものを「かごしまブラ

ンド産品」としており，平成30年5月末現在で19品目25産地が登録されている．鹿児島黒牛やさつま地鶏は日本一のブランド品として評価されており，近年農業産出額は増加傾向にある．一方で図3に示す産業別県内就業者数（平成27年度は74万262人）のうち第1次産業は9.5%と就業割合は高いが，県の人口推移によると高齢者比率の増加率が全国平均と比べて10年も早い．また，総人口の減少に伴う若者の減少率も大きく，担い手の高齢化や安定的な人員の確保が大きな課題となっている．

　図4に，県内の農業産出額の上位10品目（平成27年度）を示す．肉・豚・鶏が全体の半分以上を占めている．ここで興味深いのは，これら品目のうちさとうきびだけは島嶼地域で生産が行われている地域性の強い農作物である．次節では，さとうきび産業について詳しく見ていこう．

上位10品目（平成27年）										
順位	1	2	3	4	5	6	7	8	9	10
品目	肉用牛	豚	ブロイラー	鶏卵	米	さつまいも	茶（生葉）	さとうきび	生乳	荒茶
産出額(億円)	1,060	738	604	297	191	165	133	110	99	94
構成比(%)	23.9	16.6	13.6	6.7	4.3	3.7	3.0	2.5	2.2	2.1

資料：鹿児島県HP

図4　県内における農業上位10品目

2　島嶼地域でのさとうきび産業

　さとうきびは自然災害に強く，台風の通り道であり干ばつが起こりやすい薩南諸島において重要な収入源となる作物であるため，島嶼地域を中心に産業が発展してきた．鹿児島県では種子島，奄美大島，喜界島，徳之島，沖永良部島，与論島の6つの島で栽培されており，収穫面積は1万1595 ha，生産量は50万4409トン（2015/16年）に及ぶ．種子島での新光糖業を例にして収穫したサトウキビの栽培から砂糖ができるまでを工程順①〜⑧で述べる（図は新光糖業（株）HPより引用）．

①栽培・収穫
　栽培方法として夏(8〜9月)に植えて翌々年に収穫する夏植,春(2月中下旬)

に植えて翌年に収穫する春植と収穫後の切り株から直接芽を出させる株出の3種類がある．さとうきびは12カ月から18カ月で生長し，気温が下がる冬に完熟する．収穫方法には，人手による手刈と機械（ハーベスタ）による機械刈がある．

②受入・貯留

　島中から運ばれたさとうきびは，重量計測と糖度測定を行った後，原料ヤードへ積み上げられる．原料ヤードからケーンテーブルと呼ばれる搬送設備にさとうきびを順次投入する．

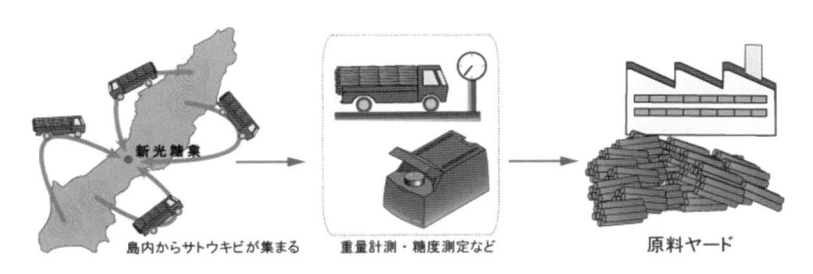

③圧搾工程

　圧搾機ロールでさとうきびを連続的に圧搾し絞り，混合汁（しぼり汁）を作る．しぼりかすはバガスと呼ばれ，ボイラーを燃やして蒸気をつくり工場内の動力源・熱源となる．

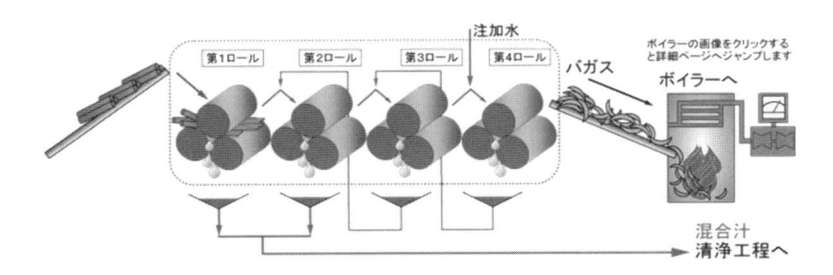

④清浄工程

　混合汁は熱交換器によって加熱した後，沈殿槽において消石灰を加え不純物を沈殿させる．沈殿物は脱水装置で脱水され，堆肥の製造原料として利用される．上澄み液は次の濃縮工程へ送られる．

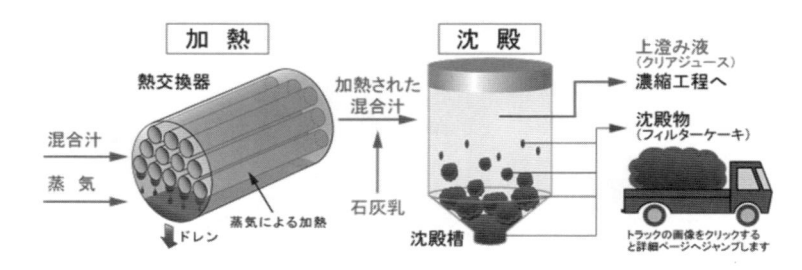

⑤濃縮工程

　濃縮工程では，蒸気を効率よく使う効用缶を用いて上澄み液の水分を蒸発させ，シラップを作る．

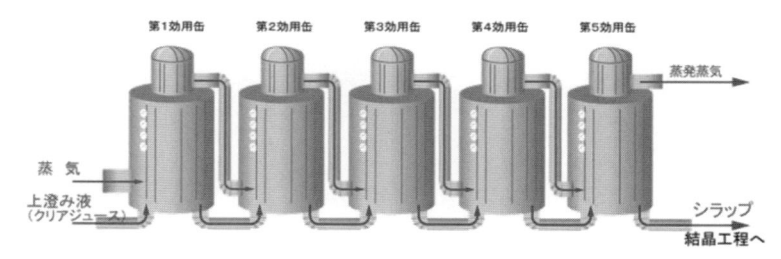

⑥結晶工程

　シラップは結晶缶の中に取り込まれ，結晶の成長に使われる．結晶と糖蜜が混合した状態を白下と呼び，結晶が十分に成長したら，この状態のまま分離機へ送られる．

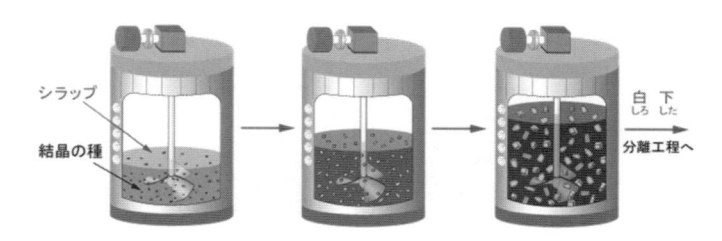

⑦分離工程

　白下は分離機によって砂糖と糖蜜に分けられる．砂糖はコンベア等でシュガービンへ搬送され貯蔵される．糖蜜にはまだ糖分が残っているので，結晶工程へ戻して結晶の成長に再度利用する．

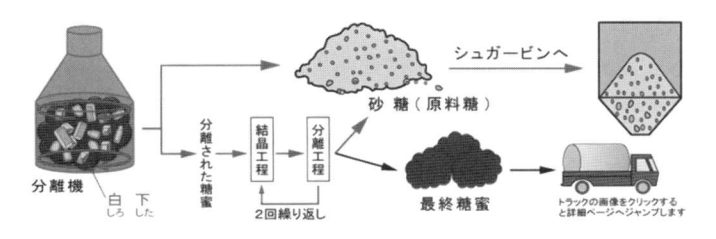

⑧運ぶ・出荷

　貯蔵された砂糖は製品としてフレコンバッグ（運搬用の布バッグ）に詰め替える．製品の一部を採取し，糖度をはじめ出荷判断のための品質分析を行う．バッグが一定量に達すると船積みされて精製糖工場に運ばれ，白砂糖などさまざまな製品に生まれ変わる．

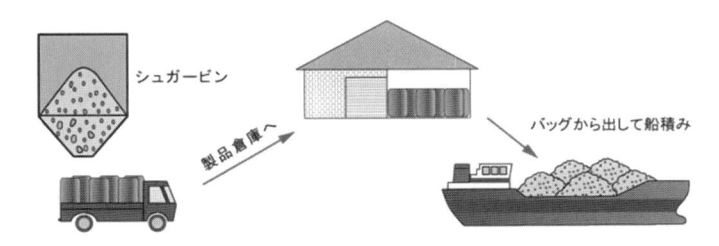

　さとうきび産業は島嶼地域の経済を支える重要な役割を担っているのだが，生産構造が脆弱であることや台風などの気象災害等により生産量が伸び悩んでいた．県はこのような状況に対処するため，国の「さとうきび増産プロジェクト基本方針」に基づき，島ごとおよび県における生産目標や取り組み方針を整理した「さとうきび増産計画」を平成 18 年 6 月に策定した．この計画に沿って関係機関が一体となり，畑地かんがい施設の整備や優良品種の普及（図5），ハーベスタの導入等による機械化一貫体系の確立（図6）等，単収向上や省力化対策等に取り組み，さとうきびの生産振興と農家の経営の安定，所得の向上

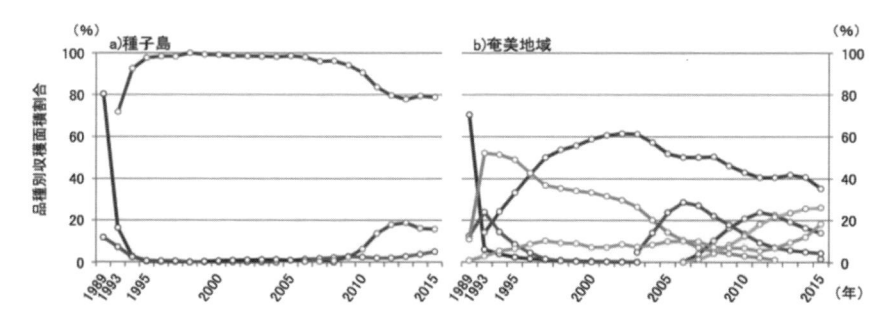

図5　鹿児島県におけるさとうきび品種の変遷

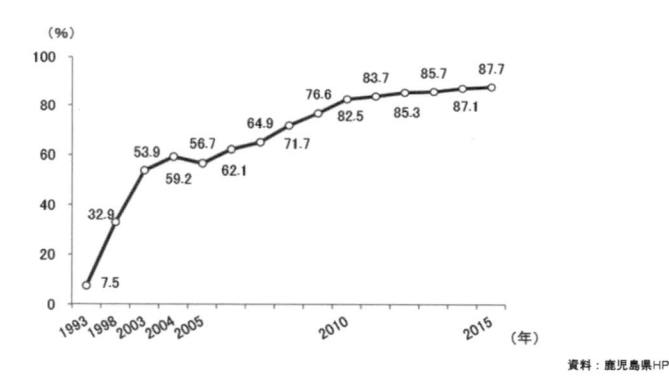

資料：鹿児島県HP

図6　ハーベスター─収穫率の推移

が図られてきた.

　このような施策が進められてきたにも関わらず，種子島では平成30年に台風の影響でさとうきびの収量と糖度がともに過去最低水準の不作に見舞われ，生活の糧となる基幹産業としての存続が危惧される状況である．（注1）また，国内のさとうきびの製造事業者に対し，安く輸入される原料糖から徴収したお金（調整金）を主たる財源として，「砂糖及びでん粉の価格調整に関する法律」に基づき国費とあわせて交付金が支援されている．この価格調整制度により製造コストを下げた分手取りが増えることから，生産者・製造事業者にとって生産性向上への意欲を高める仕組みとなっている（図7）．国内産品の価格の大部分が交付金で補助されているため，国内のさとうきびビジネスは交付金で成

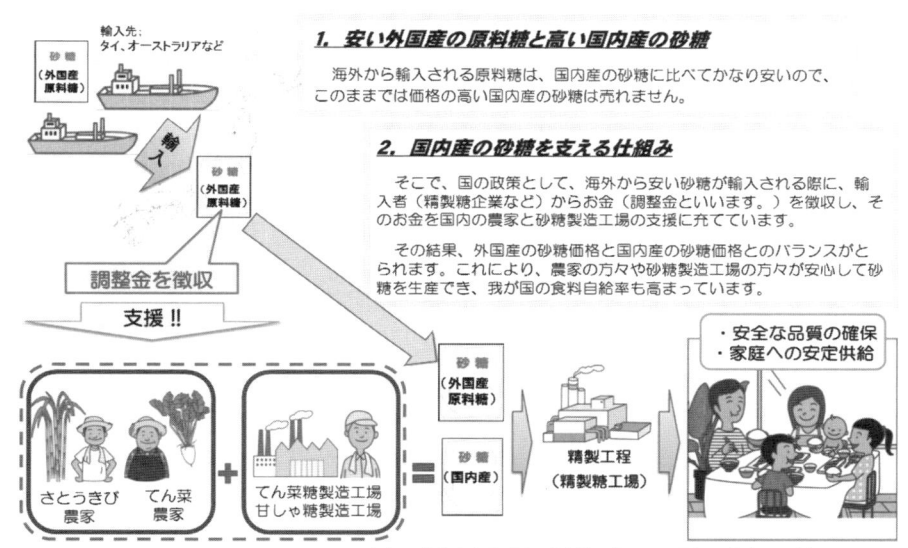

資料：農林水産省 資料「砂糖のすべて～原料の生産から製品まで～」

図7　さとうきびの価格調整制度

り立っているといっても過言ではなく，今後交付金の減少に伴い産業が急速に衰退する危険に瀕している．

3　世界中で注目されるバイオリファイナリーって何？

　最近バイオリファイナリーと呼ばれる言葉が世界中で盛んに使われるようになりましたが，ご存知でしょうか．バイオリファイナリーとは，再生可能資源であるバイオマスをエネルギー製品，化学製品やバイオ素材となる基礎化学原料を製造する技術や産業を意味しており，石油資源の枯渇や地球温暖化を回避して持続可能な社会を構築するために開発が強く求められている．エネルギー製品としてバイオマスの利用を進める場合には，まず他の再生可能エネルギーにおけるバイオマスの位置づけを理解する必要がある．図8に，再生可能エネルギーの発電種類別の課題を示す．主な再生可能エネルギーとして，太陽光，風力，水力，地熱およびバイオマスがある．国内では固定価格買い取り制度（Feed-inTariff，FIT）の施行により太陽光発電が最も普及しているが，自然条

区分	課題	配慮すべき事項
共通	①火力などに比べて発電コスト高 ②適地の多くは送電網の整備が必要	
太陽光	①自然条件によって出力が大きく変動 ②発電コスト高 ③系統接続の申込量が接続可能量を超過	①景観面，光害，排水対策など
風力	①自然条件によって出力が大きく変動	①景観面，低周波音など
水力	①中小水力は発電コスト高	①水利権等，関係者との調整
地熱	①開発に時間がかかる	①温泉事業者等，関係者との調整
バイオマス	①発電コスト高 ②メタン発酵ガス化発電については発生する残さの処理コスト高	①原材料の安定供給の確保

資料：一般社団法人バイオインダストリー協会
鹿児島県企画部エネルギー政策課資料

図 8　再生可能エネルギー発電種類別の課題

資料：九州電力株式会社 SMBC九州水素フォーラム講演資料

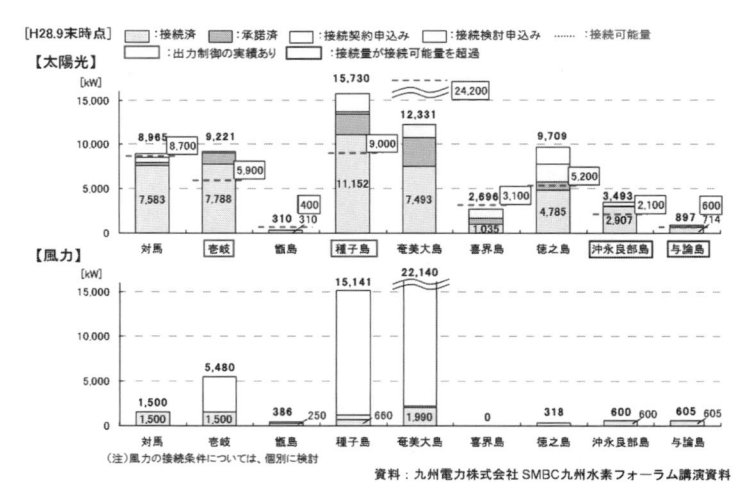

図 9　島嶼地域における太陽光・風力の導入状況

件によって出力が大きく変動し，発電コストも高い．風力発電は太陽光発電に続き普及しているが，同様に自然条件によって出力が大きく変動する．図 9 は，島嶼地域における太陽光･風力の導入状況を示す．壱岐，種子島，沖永良部島，与論島の 4 島は，太陽光の接続量が既に接続可能量を超過している．出力変動が電力系統の品質に影響を与えるため，壱岐と種子島では既に出力制御が実施されている．出力変動制御ができる蓄電池システムを太陽光発電所へ導入する

ことが望ましいがインフラの早急な整備は期待できないため，太陽光発電や風力発電の普及率の向上は当面見込めない．一方で，水力発電，地熱発電やバイオマス発電は自然条件の影響を受けにくく，一定量の電力を安定的に低コストで供給できる電源（ベースロード電源）としての利用が期待されているが，発電コストや技術的なハードルなどの理由から太陽光発電や風力発電に比べて利用率は低い．

　ここでバイオリファイナリーシステムの開発現状を見てみよう．海外では2017年に月島機械（株）とJFEエンジニアリング（株）が，タイに建設したバイオエタノール製造プラントで，バガスを原料にオンサイト酵素生産技術を用いてバイオエタノールの製造技術の有効性を実証し，技術面や採算面で実現可能な商業生産モデルを構築した（図10）．バガス処理能力は年1300トン，バイオエタノール生産規模は年100 kLである．国内では2017年に中越パルプ工業（株）が鹿児島県で植物由来の軽量素材であるセルロースナノファイバー（CNF）の商業プラントの稼働を始めた（注2，図11）．木材パルプや間伐材に加えて県内に散在する竹を原料として利用できるCNFは軽くて強度があり自動車部品のほか，電機・電子素材としての利用が期待されている．また，国内では福島県を中心に被害を受けた東日本大震災をきっかけに，原子力発電の代替として火力発電の利用率が増加しており，特にFITの施行によりバイオマス発電の導入が過熱している．主なバイオマス燃料には，ブラックペレット，木質ペレット，バガスペレットEFBペレット，生PKS，木質チップがある（注3）．これまでは木質チップや木質ペレットなどが用いられてきたが，バイオマス発電所の急増により原料となるバイオマスが不足して安定供給ができなくなると予測されている．対策として，輸入材をそのまま国内に輸送するのではなく，一度現地でトレファクションと呼ばれる炭化処理を用いてブラックペレットを形成した後に輸送する方法が注目されている．ブラックペレットのエネルギー密度は木質ペレットよりも高く，石炭と同等の発電効率を維持しつつCO_2の排出量も石炭より低減できる．また，屋外での保管が容易であるうえに，嵩を減らせるために輸送コストを木質ペレットに比べて3割低減できるといったメリットがある．市場としては年間3000万トンの需要があり，イーレックス（株）や東京電力ホールディングス（株）などは具体的な検討に入っている．

News Release

タイでバガスを原料とする バイオエタノール製造技術 の有効性を実証

―技術面と採算面で実現可能な商業生産モデルを構築―

2017年6月1日

国立研究開発法人新エネルギー・産業技術総合開発機構
月島機械株式会社
JFEエンジニアリング株式会社

　　NEDOのプロジェクトで月島機械（株）とJFEエンジニアリング（株）は、タイ王国サラブリ県に建設したバイオエタノール製造プラントで、サトウキビの搾りかす（バガス）を原料に、オンサイト酵素生産技術を用いてバイオエタノールの製造技術の有効性を実証し、技術面や採算面で実現可能な商業生産モデルを構築しました。今後は、タイ王国をはじめ、東南アジア地域へ普及・拡大を図り、未利用資源を活用したエネルギー生産と温室効果ガスの排出削減への貢献を目指します。

資料：国立研究開発法人新エネルギー・産業技術総合開発機構HP

図 10　バイオリファイナリー開発事例 1（海外）

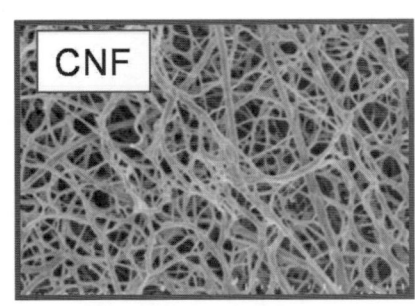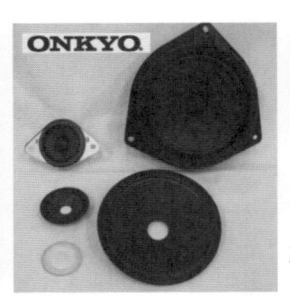

資料：中越パルプ工業 セルロースナノファイバー 第一期商業プラント稼働のお知らせ
nanoforestカタログ

図 11　バイオリファイナリー開発事例 2（国内）nanoforest カタログより

4　島を救うか？　バイオリファイナリーシステム

　基幹産業の危機に瀕している島嶼地域に対し我々は産業活性化に向けて何ができるでしょうか．ここで我々は専門技術の一つである触媒反応を用いた燃料製造技術に注目した．触媒反応とは，触媒の作用によって特定の化学反応の反応速度を高めることで，目的の生成物をより選択的に得る方法の一つである．化石資源を用いた従来型の石油化学プロセスでは触媒反応を駆使することで基礎化学原料を効率的に製造してきた．炭素に富んだ化石資源の原油と酸素に富んだバイオマスでは燃料の製造工程が大きく異なるが，最終工程については化石燃料と同様に触媒反応を用いた改質工程により基礎化学原料を製造できると想定されるため，触媒反応をキー技術としてバイオリファイナリーシステムの構築が期待できると考えた（図12）．また図13に示す種子島で行われた活用すべき資源に関する島民へのアンケート調査の結果によると，太陽光や風力に続きバガスの有効利用が期待されていることが分かる．

　そこで我々は，バイオリファイナリーシステムの開発として以下の研究方針を策定した．鹿児島県島嶼地域での基盤産業であるさとうきび生産を中心としたバイオマス資源を活用して，化石資源を用いないエネルギー自立型のシステムを構築することができれば，収益の増大や雇用の創出による地域の活性化につながる．本研究では，このような課題に対するソリューションとして，化石資源に依存しない新規のバイオマスプロセス技術の開発を行い，バイオマスの有効利用を実証する．つまり，島嶼地域での自立的循環社会をめざしたエネルギー創出と農業振興に寄与するバイオマス活用システムを構築する生産モデルの検証を目的とするものである．

　平成24年から平成27年の4年間にわたり，NEDO戦略的バイオマスエネルギー利用技術開発事業として「水熱処理とゼオライト触媒反応による高品質バイオ燃料製造プロセスの研究開発」に取り組んだ．図14に，バイオマス利用モデルとして提案した，製糖工場と融合したバガスからの炭化水素バイオ燃料プロセスを示す．また，図15に，研究開発体制を示す．本モデル開発は，鹿児島大学を中心として県内外の企業や研究機関と協力して遂行した．本モデル

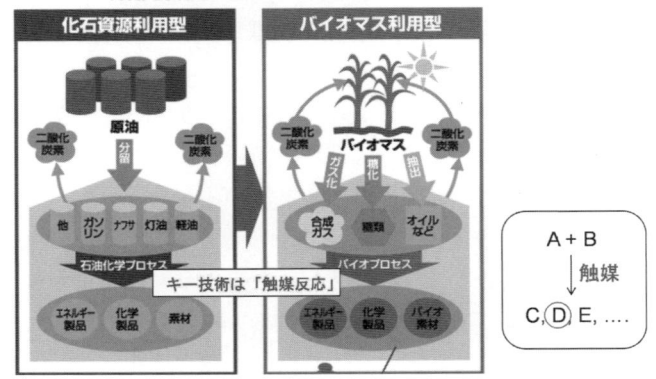

資料：一般社団法人バイオインダストリー協会

図 12　触媒反応を用いた燃料製造技術開発の提案

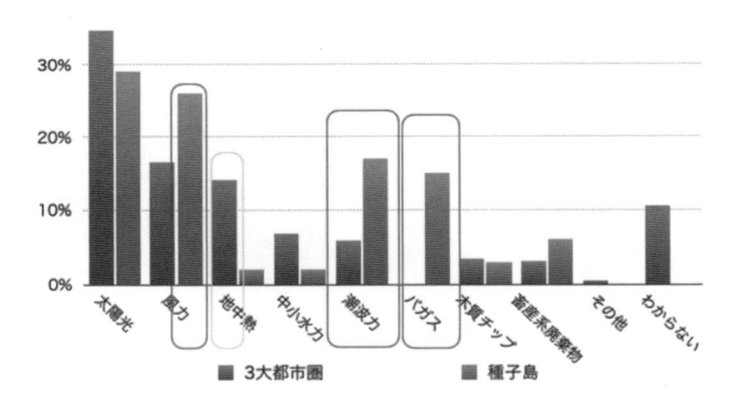

資料：【1RF-1503】社会経済性分析を用いた地域エネルギーシステムの低炭素化シナリオの策定

図 13　活用すべき資源（種子島）

の核となる NEDO プロセスについては，鹿児島県工業技術センターと産業技術総合研究所（AIST）が前処理検討を，鹿児島大学が改質反応と燃料評価を，また千代田化工建設（株）と鹿児島大学がプロセス検討評価を行った．

　本モデルは以下に示す特徴を持っている．

　バイオマス原料として，製糖工場に集積したさとうきびから副生するバガス，廃糖蜜やハカマを利用することで，バイオマス原料数量の確保とバイオマス収

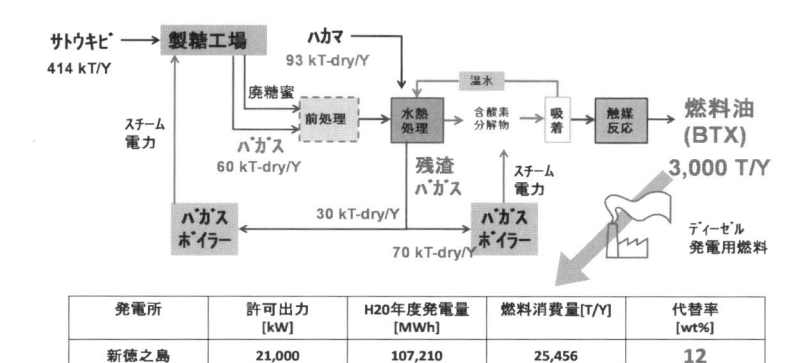

発電所	許可出力 [kW]	H20年度発電量 [MWh]	燃料消費量[T/Y]	代替率 [wt%]
新徳之島	21,000	107,210	25,456	12
新種子島	24,000	136,318	32,680	9

図14　提案したバイオマス利用モデル

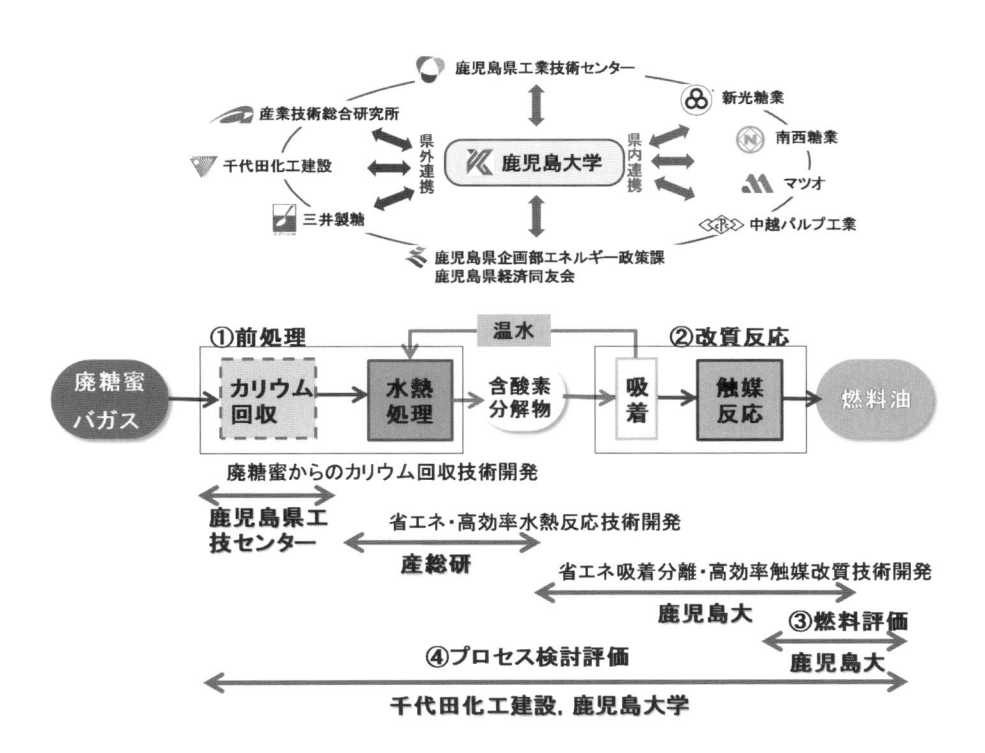

図15　研究開発体制

集コストの低減をはかる.

製品として，バイオマス由来の芳香族を主成分とする炭化水素バイオ燃料油を製造し，石油代替ないし石油とのブレンド使用が可能な高品質バイオ燃料としての利用を可能とする．同時に生産される固体残渣バガスは，製糖工場のバガスボイラー用などの固体燃料として有効に活用する．

NEDO プロセスは，原料バガスのヘミセルロース等の成分から酸素を含む炭化水素化合物（含酸素化合物）を生成させる水熱処理工程，この処理液から含酸素化合物を高濃度に取得する分離濃縮工程，および含酸素化合物を芳香族を主成分とする炭化水素バイオ燃料に転換するゼオライト触媒を用いた改質反応工程の 3 工程からなる連続プロセスである．

本モデルを用いて徳之島と種子島を対象とした経済性評価を行うと，エネルギー代替率は各々 12 wt% と 9 wt% である．また島嶼地域での軽油価格 150 円/L に対して本プロセス製品価格は 170 円 /L を実現できると推算された．

本事業の成果により，さとうきびの生産と製糖が行われている地域を対象に製糖工場と融合したプロセス構築を行い，製品の炭化水素バイオ燃料油を地域の輸送燃料等として，固体残渣は製糖工場もしくはプロセスの熱源としてフルに活用し，必要に応じてバガス以外の未利用バイオマスの利用も視野に入れた，地域モデルの形成が実現できるとも考えられるが，はたして本当だろうか．本プロセスの社会実装に向けて確かにベースプロセスは確立できた（図16）のだが，前処理設備が過大で島の小規模なバイオマス量では，設備償却費が 120 円～数 100 円 /L もかかってしまう．また，農業地域での利用に対して本プロセスは複雑な運転操作が必要となり，島民が安定的に操作を行うことが難しい．

経済性に優れた地域型プロセスとして島に根を下ろすには，以下に示すプロセスの改良が少なくとも必要となるだろう．

1. 前処理をシンプル化して，構成機器数を減らすプロセス改良の検討を実施する．
2. 地域で実装しやすい平易なプロセス操業方式へ改良を行う．
3. 設備償却費と設備稼働エネルギー消費量を削減する．

　本プロセスの改良に向けた最初の取り組みとして，自治体，製糖工場や

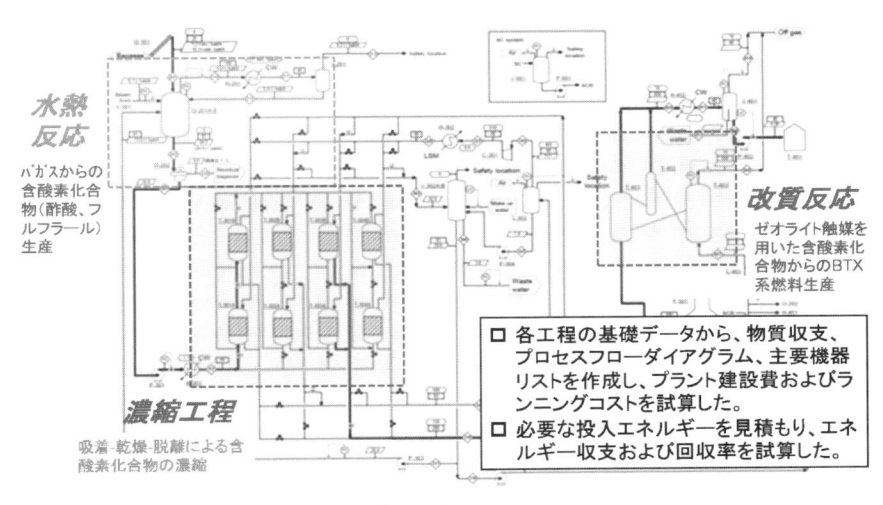

水熱反応
バガスからの含酸素化合物(酢酸、フルフラール)生産

改質反応
ゼオライト触媒を用いた含酸素化合物からのBTX系燃料生産

濃縮工程
吸着-乾燥-脱離による含酸素化合物の濃縮

❑ 各工程の基礎データから、物質収支、プロセスフローダイアグラム、主要機器リストを作成し、プラント建設費およびランニングコストを試算した。
❑ 必要な投入エネルギーを見積もり、エネルギー収支および回収率を試算した。

図 16　NEDO プロセスのプロセスフローダイアグラム

[地域および自治体の声-1]
・徳之島や種子島は農業が基盤. 農業が発展して島が潤うのが一番重要.
・本プロジェクトでは、農業副産物が農業資材として畑に戻って農業生産力が上がり、エネルギーも生産されるので、是非進めたい.

[地域および自治体の声-2]
・本プロジェクトにより、地域の未利用資源がエネルギーや炭化物など農工連携製品となり、収入が拡大する.
・再生可能なエネルギーを自己供給でき、廃棄バイオマスの資源化で自然環境との調和にも貢献する.
・持続可能なエコの島の農作物のブランド化を進めたい.

[製糖会社-1]
・サトウキビは台風の被害が深刻. これは、ハーベスター収穫で土壌が圧密化し、根が浅くなったため. 畑の生産力アップには、土壌改良剤を入れ通気性を高める必要.
・サトウキビの葉(ハカマ)の処理に苦慮(堆肥化は問題多)、本プロセスで炭化できれば土壌改良剤として有用.

[製糖会社-2]
・国内の製糖業は厳しい状況にあり、新しい商品や雇用を生み出すものがほしい. 発展性あるものなら海外展開も. サトウキビ産業は製糖の周囲に何倍も経済効果ある.
・早くビジネスモデルを作ってほしい. (社長)
・炭化物は地域分散型発電・熱利用にも展開できれば.

[地域NPOの声-1]
・世界自然遺産候補の島で、駆除に苦慮している外来種雑草もバイオマスとして資源化できるなど、本プロジェクトは環境と調和しつつ発展するしくみとなる.
・本プロジェクトは、島にあるものを循環利用する. これは島内でお金も回ることになり経済効果が大きい.
・このような「エコの島」は未来の地域社会の先取りであり、見学者や研修者を受け入れたい(島を汚す観光客より).

[地域NPOの声-2]
・障害者が地域の中で生活するための支援事業を展開しており、自然エネルギーの有効活用や過疎化地域の地域活性化に取り組んでいる.
・本プロジェクトと連携して、農産物の茎葉や木質伐採物などバイオマスの収集・回収を通じて、ハンデのある人材や高齢者が参加できる地域社会を作っていきたい.

図 17　本プロセス改良に向けた地域の声

NPO など地域の声を集めたので，その一部を図 17 に示す.

　これら地域の声を踏まえ,改良型のバイオマス利用モデルを提案している(図18). 本モデルの特徴を以下に示す.

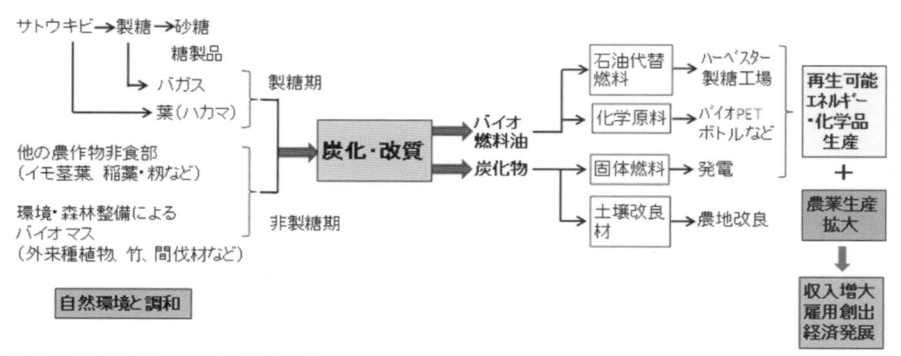

図18　改良型のバイオマス利用モデル

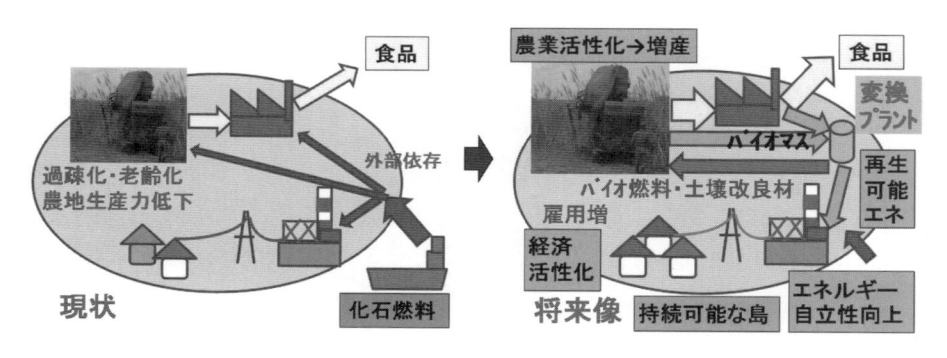

図19　島嶼地域の将来像

　前処理法として水熱処理工程に代わり，バイオマス発電での利用が期待されている炭化処理を行い，分解物と炭化物を取得する．

　分解物は我々が得意とする改質反応工程に直接供給し，芳香族を主成分とするバイオ燃料を製造する．

　固体炭化物は，土壌改良剤などの農業用資材として利用する．炭化処理によりエネルギー密度が高くなっているのでバイオマス発電燃料としても使用する．

　バイオマス原料として製糖期にはさとうきびから副生するバガスやハカマを利用し，非製糖期にはイモ茎葉，稲藁・籾など他の農作物非食部や外来種植物，

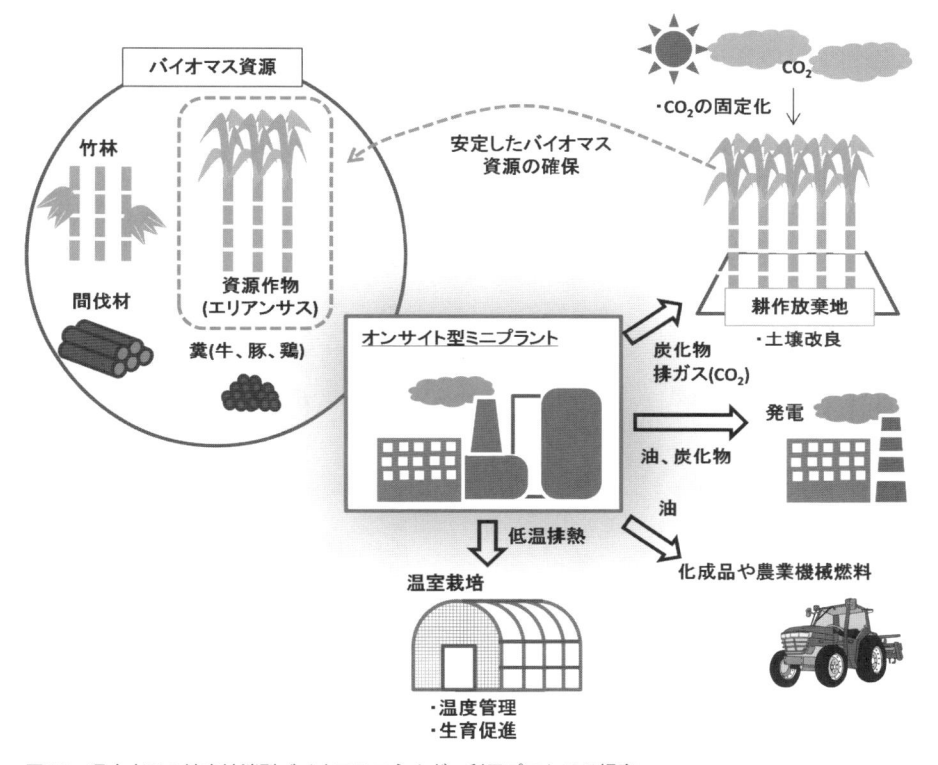

図 20　県本土での地産地消型バイオマスエネルギー利用プロセスの提案

竹，間伐材など環境や森林整備により産まれるバイオマスを利用する．

　今後本モデルの開発が進めば，農業副産物を活用したエネルギー創出と農業基盤強化による収入および雇用の増大さらには地域経済の活性化につながるだろう．そして豊かな自然環境と調和した循環型の低炭素社会（Eco 社会）を実現し，世界自然遺産諸島の Eco 社会で生産される良質農作物や食品のブランド化が進み，持続可能な Eco 社会として観光価値も創出できる，そんな夢にあふれた社会が待っているだろう（図 19）．

　もし島嶼地域でのモデルの実装に成功した際には，県本土でのバイオマス利用プロセスの開発を目指したい（図 20）．以下に期待される効果を示す．

1. バイオマス発生源にオンサイト型ミニプラントを設置することで，生成す

るガス・液体・固体の全てを循環利用できる．

→半炭化法は操作がシンプルなため，鹿児島県の主なバイオマス資源である竹林，糞（牛，豚，鶏），間伐材など，組成の異なる原料に応じて柔軟に対応できる．

→プラント排ガスの CO_2 と熱は温室栽培の温度管理や生育促進に利用できる．

→液体製品としての油は，発電，農業機械燃料だけでなく，化成品原料に利用できるほど高品質である．

2. 固体状の炭化物を土壌改良に利用し，耕作放棄地でエリアンサスなどの資源作物を栽培することで，安定したバイオマス資源の確保につながる．
そして将来，スケールアップ効果を望める海外モデルなど，国内外の社会実装モデルへの展開を期待したい．

注

(1) 「自民党の野菜・果樹・畑作物等対策委員会は 21 日，基幹作物のサトウキビが収量，糖度ともに過去最低水準の不作に見舞われた種子島を現地調査した」（南日本新聞 2018 年 3 月 22 日付）

(2) 「中越パルプ，鹿児島で植物由来の新素材量産　プラント新設」（日本経済新聞 2016 年 4 月 1 日付）

(3) 主なバイオマス燃料については、下記の資料を参考にした。
1. 燃料用木質チップの品質規格（木質バイオマスエネルギー利用推進協議会），2. 木質ペレット品質規格（（一社）日本木質ペレット協会），3. 石炭火力微粉炭ボイラーに混焼可能な新規バイオマス固形燃料の研究開発（NEDO、日本製紙（株））

第2章
バイオディーゼル
～普及のための取り組み～

木下英二

バイオディーゼル（Bio Diesel Fuel: BDF, 以下は BDF と表記）は油脂（植物油, 動物油）をメタノールでエステル交換して得られる脂肪酸メチルエステル（FAME）という物質で，バイオエタノールと同様に，実用化されているバイオ燃料であり，化石燃料である軽油や重油の代わりにディーゼルエンジンやボイラーの燃料として使用することができます．BDF は再生可能エネルギーの一つで，軽油や重油に比べて，温室効果ガス（CO_2）の排出を低減でき，毒性が低く，生分解性を有するので，環境に調和し易く，また，燃料中に酸素を含んでいるので，完全燃焼し易く，排ガス中の黒煙，一酸化炭素（CO），未燃炭化水素が低減されるなど多くのメリットがあります．

BDF は，EU 諸国をはじめ，米国，東南アジア諸国で製造・利用されており，全世界の BDF 製造量は 2000 年では 100 万トン弱であったものが，2017 年では約 3500 万トン（見込み量）に増加しています．EU 諸国では菜種油，米国では大豆油，東南アジア諸国ではパーム油を原料とし，これらの新油から BDF が製造・利用されています．日本でも近年，自治体などを中心として，BDF の製造・利用が徐々に進んでおりますが，外国と比べて少ないのが現状です．日本では，植物油の国内生産が乏しいため，余剰の新油が無く，利用できる BDF 原料は輸入されて食料として使用され廃棄される植物油，つまり廃食油が主であり，廃食油 BDF は新油に比べて製造コストが高くなるため，BDF 普及が進まない理由の一つになっています．

本章では，日本において BDF をこれまで以上に普及させるために，鹿児島大学において取り組んでいる以下の研究を紹介します．

（1）バイオアルコールを使った BDF の製造と利用

（2）BDF の低温流動性の改善

ここで紹介する研究は新油から製造した BDF についての検討ですので，廃食油 BDF についての鹿児島大学における取り組みとその詳細内容は「バイオディーゼル　その意義と活用」（上村ほか 2008）を参照して下さい．

1　バイオアルコールを使ったバイオディーゼルの製造と利用

　バイオディーゼル（BDF）は植物油などの油脂とアルコールからアルカリ触媒法によるエステル交換反応を用いて製造されます（図 1）．BDF の製造に使用されるアルコールはメタノールを使うのが一般的ですが，他のアルコールを使用することも可能です．ここでは，図 1 に示す脂肪酸エステルのことを広義に BDF と呼び，メタノールの場合は脂肪酸メチルエステル（これが実用化されているもので，一般に BDF と言われる），エタノールの場合は脂肪酸エチルエステルとなります．

　化石燃料起源のアルコールよりもバイオマス起源のアルコール，すなわちバイオアルコールを使って BDF を製造する方が，燃料としてのライフサイクル CO_2（燃料の原料採掘・栽培，製造，輸送，燃焼利用までの全プロセスにおいて排出される CO_2）を削減できると考えられます．現在，メタノールはもちろん，市販のアルコールのほとんどが化石燃料から化学合成により製造されています．現在，バイオアルコールとして製造されているものはバイオエタノールで，主にガソリン代替燃料として利用されていますが，次世代バイオアルコー

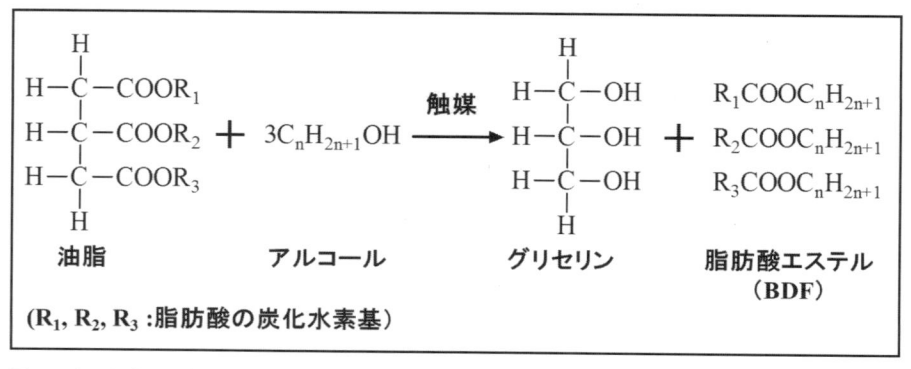

図 1　バイオディーゼル（BDF）のエステル交換反応

ルとしてバイオブタノールやバイオペンタノールが期待されています.

　バイオブタノールは，バイオエタノールと同様に，種々の有機物（例えば，生ゴミ等の有機性廃棄物）から発酵などにより製造可能でありますが，従来のアセトン・エタノール・ブタノール発酵（ABE 発酵）によるバイオブタノールの製造効率は低く（Crabbe et al. 2001），これを改善するために，近年，高効率のバイオブタノール製造法に関する研究開発が盛んに行われるようになりました（Atsumi et al. 2008）．ブタノール（C₄H₉OH）には４つの異性体（1-ブタノール，2-ブタノール，イソブタノール，tert-ブタノール）があり（図２および表1），バイオマス資源からバイオブタノールを製造する場合も，ブタノール異性体が製造できます（Atsumi et al. 2008）．図２に示すように，1-ブタノールは直鎖構造をしており，イソブタノール，2-ブタノール，tert-ブタノールの順に直鎖性が低下，すなわち側鎖性が高くなる構造をしています.

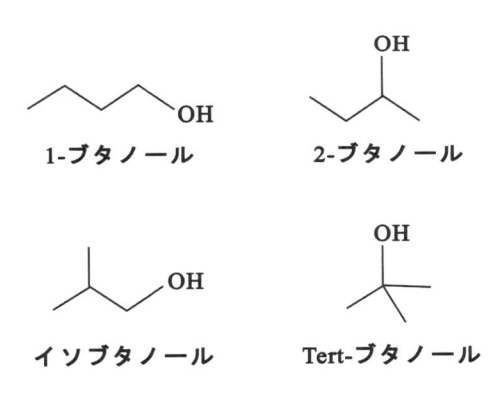

図2　ブタノール異性体の分子構造

表1　ブタノール異性体の性状

性状	1-ブタノール	2-ブタノール	イソブタノール	tert-ブタノール
セタン価	17	―	―	―
オクタン価	91	―	103	―
密度@20 ℃, kg/m³	810	806.3	802	780.9
融点 ℃	−89.5	−114.7	−108	25
沸点 ℃	117.7	99	107.9	82
引火点 ℃	35	24	28	11
C 質量%	64.9			
H 質量%	13.5			
O 質量%	21.6			
理論空燃比	11.2			

ここでは，バイオブタノールをBDF製造の原料として利用する研究について説明します（木下ほか2009；伏見ほか2015）．バイオブタノールは現段階では簡単に入手できないので，BDFの製造には市販のアルコールを用い，また，パーム油を油脂の例としました．パーム油をBDF原料として選定した理由は，表2に示すように，日本の植物油供給量（日本植物油協会2016）の中で，菜種油に次いでパーム油が多く，パーム油は主に食品加工に使われており，パーム油の廃食油もBDF原料として期待されるものだからです．また，パーム油BDFをディーゼルエンジンに使用した場合，菜種油や大豆油のBDFより着火性に優れ，排ガス中の窒素酸化物（NOx），CO，未燃HCが低減する（浜崎ほか2002）というメリットがあるからです．また，パーム油は，表3（日本油化

表2　日本の油種別植物油供給量
　　　（2016年）（日本植物油協会）

植物油の種類	千トン
菜種油	1,050
パーム油	647
大豆油	448
こめ油	93
パーム核油	79
とうもろこし油	79
オリーブ油	58
やし油（ココナッツ油）	43
ごま油	52
ひまわり油	24
綿実油	7
サフラワー油	7
その他の油脂	61
合計	2,648

表3　植物油の脂肪酸組成（質量%）（日本油化学会1996）

脂肪酸	構造式	C:N	ココナッツ油	パーム油	菜種油	大豆油
カプロン酸	$C_5H_{11}COOH$	6:0	0.4	−	−	−
カプリル酸	$C_7H_{15}COOH$	8:0	0.7	−	−	−
カプリン酸	$C_9H_{19}COOH$	10:0	0.6	−	−	−
ラウリン酸	$C_{11}H_{23}COOH$	12:0	47.5	0.3	−	−
ミリスチン酸	$C_{13}H_{27}COOH$	14:0	19.1	1.1	−	−
パルミチン酸	$C_{15}H_{31}COOH$	16:0	9.8	44.1	4.3	10.5
パルミトオレイン酸	$C_{15}H_{29}COOH$	16:1	−	0.2	0.1	−
ステアリン酸	$C_{17}H_{35}COOH$	18:0	3.8	4.5	1.9	3.8
オレイン酸	$C_{17}H_{33}COOH$	18:1	5.9	40.1	59.7	25
リノール酸	$C_{17}H_{31}COOH$	18:2	0.4	9.1	21.7	52.2
リノレン酸	$C_{17}H_{29}COOH$	18:3	0.1	0.6	9.4	7.6
ガドレイン酸	$C_{19}H_{37}COOH$	20:1	−	−	1.5	0.3
ベヘン酸	$C_{21}H_{43}COOH$	22:0	−	−	0.4	0.4
エルカ酸	$C_{21}H_{41}COOH$	22:1	−	−	0.6	−

C:炭素数，　N:炭素の二重結合数

表4　パーム油 BDF の製造条件

パーム油 BDF	アルコール			触媒		反応温度	反応時間
	種類	分子式	対理論量	種類	対油脂（質量%）		
PME	メタノール	CH_3OH	2倍	KOH	1.2	60 ℃	1時間
PEE	エタノール	C_2H_5OH	2.5倍	KOH	1.5	70 ℃	2時間
PPE	1-プロパノール	C_3H_7OH	3倍	KOH	1.5	70 ℃	3時間
PBE	1-ブタノール	C_4H_9OH	3倍	KOH	1.5	80 ℃	3時間
PiBE	イソブタノール	C_4H_9OH	4倍	KOH	1.8	80 ℃	3時間
P2BE	2-ブタノール	C_4H_9OH	5倍	H_2SO_4	6	97 ℃	7時間

PME：パーム油メチルエステル，　　PEE：パーム油エチルエステル
PPE：パーム油1-プロピルエステル，　PBE：パーム油1-ブチルエステル
PiBE：パーム油イソブチルエステル，　P2BE：パーム油2-ブチルエステル

学会 1996）に示すように，約50 ％が飽和脂肪酸（そのほとんどがパルミチン酸），約40 ％が一価の不飽和脂肪酸であるオレイン酸で構成され，多価の不飽和脂肪酸分が少ないため，パーム油 BDF は菜種油や大豆油の BDF に比べ酸化安定性に優れています．

　4つのブタノール異性体の内，1-ブタノール，イソブタノール，2-ブタノールを用いてパーム油 BDF を製造し，製造条件（エステル反応の条件），燃料性状，ディーゼル燃焼・排ガス特性について検討しました．表4に，BDF 製造において，BDF の JIS 規格（JIS K2390）程度の品質を得るのに必要なエステル反応の条件（アルコール使用量，触媒使用量，反応温度，反応時間）を示します．表4には参考として，エタノール，1-プロパノールによるパーム油 BDF 製造の場合も示しています．パーム油メチルエステル（PME），パーム油エチルエステル（PEE），パーム油1-プロピルエステル（PPE），パーム油1-ブチルエステル（PBE），パーム油イソブチルエステル（PiBE）は水酸化カリウム KOH を触媒として，それぞれメタノール，エタノール，1-プロパノール，1-ブタノール，イソブタノールとパーム油から製造しました．一方，パーム油2-ブチルエステル（P2BE）は水酸化カリウムではエステル反応させることが出来ないので，硫酸 H_2SO_4 を触媒として2-ブタノールとパーム油から製造しました．水酸化カリウムはアルカリ触媒，硫酸は酸触媒です．当然のことですが，図1から分かるように，製造に使用したアルコールの分子量が大きいほど，脂肪酸エス

表5 パーム油BDFの性状

性状		JIS K2390	P2BE	PiBE	PBE	PPE	PEE	PME	RME	JIS2号軽油
セタン価		51以上	—	—	—	—	—	64.5	54	56
低発熱量	MJ/kg	—	37.72	37.72	37.72	37.39	37.16	37.04	37.09	43.12
密度@288K	kg/m³	860 – 900	864	866	865	867	871	876	886	824
動粘度@313K	mm²/s	3.5 – 5.0	6.2	5.8	5.8	4.8	4.1	3.7	3.5	2.1
流動点 (2.5°C刻み)	°C	—	−2.5	0	5	7.5	10	15	−7.5	−17.5
流動点 (1.0°C刻み)	°C	—	−3	0	4	4	8	14	—	—
曇り点	°C	—	2	4	4	9	14	15	—	−3
引火点	°C	120以上	194	192	190	170	168	171	168	78
C	質量%	—	77.5	77.5	77.5	77.1	76.7	76.2	77.1	87.3
H	質量%	—	12.6	12.6	12.6	12.6	12.5	12.4	12.0	12.5
O	質量%	—	9.9	9.9	9.9	10.3	10.8	11.4	10.9	—
硫黄	質量ppm	10以下	< 10	< 10	< 10	< 10	< 10	< 10	< 10	< 500
水分	mg/kg	500以下	291	234	225	520	660	204	900	—
アルカリ金属 (K)	mg/kg	5以下	—	< 5	< 5	< 5	< 5	< 5	< 5	—
アルコール	質量%	0.2以下	< 0.2	< 0.2	< 0.2	< 0.2	< 0.2	< 0.2	< 0.2	—
モノグリセライド	質量%	0.8以下	0.64	0.85	0.84	0.6	0.73	0.35	0.28	—
ジグリセライド	質量%	0.2以下	0.77	0.31	0.33	0.64	0.43	0.39	0.12	—
トリグリセライド	質量%	0.2以下	0.01	0.05	0.05	0.05	0.05	0.07	0.02	—
50%留出温度	°C	—	352	352	352	340	332	329	339	278
理論空燃比		—	12.8	12.8	12.8	12.7	12.6	12.5	12.5	14.2

PME:パーム油メチルエステル、　　　PEE:パーム油エチルエステル、　　　PPE:パーム油1-プロピルエステル、
PBE:パーム油1-ブチルエステル、　　PiBE:パーム油インブチルエステル、　P2BE:パーム油2-ブチルエステル
RME:菜種油メチルエステル

テルの分子量は大きくなります（PME < PEE < PPE <PBE = PiBE = P2BE）.
エステル反応の後は, BDF 製造の一般的な工程（静置, 粗製グリセリンの除去,
脱アルコール, 水洗, 脱水）を行いました.

　表 5 に製造したパーム油 BDF の性状および BDF の JIS 規格（JIS K2390）
を示します. 参考のため, 菜種油メチルエステル（RME）も示しています.
密度, 動粘度, 流動点（石油製品等の液体混合物が流動する最低温度）, 曇り
点（石油製品等の液体混合物が冷却されたとき, 高融点成分が結晶化して析出
し, かすみ状になるか曇り始める温度）, 引火点（引火源を試料液面から発生
する蒸気に近づけた時, 瞬間的に燃焼し, かつ, 炎が液面上を伝ぱする試料の
最低温度）, 水分, 50 ％留出温度（常圧蒸留させた時, 体積分率で 50 ％の試
料が留出したときの温度）は測定値であり, C（炭素）, H（水素）, O（酸素）
の含有率は表 3 のパーム油の脂肪酸組成（日本油化学会 1996）から求め, 低
発熱量は高発熱量の測定値と C, H, O の値から算出しています. 流動点は,
0 ℃を基準とする 2.5 ℃刻み（JIS K2269）ですが, 参考として 1 ℃刻みのデー
タも示しています. 表 5 にはガスクロマトグラフにより測定したアルコール,
モノ・ジ・トリグリセライド（トリグリセライドは未反応油脂, モノ・ジグリ
セライドは油脂から脂肪酸エステルへ反応する際の中間生成物）の含有率も示
しています. これらの値は, ジグリセライド, PiBE および PBE のモノグリセ
ライドを除いて, BDF の JIS 規格に適合しています. したがって, さらに製
造条件を最適なものにすれば, バイオアルコールを用いて BDF の JIS 規格を
クリアする品質のものを製造することは十分可能であり, また, パーム油以外
の油脂においてもバイオアルコールによる BDF 製造が可能と思われます.

　表 5 から, 製造に用いたアルコールの分子数が増えるほど, パーム油 BDF
の密度は低下し, 低発熱量, 動粘度, 50 ％留出温度, 引火点は高くなっています.
低発熱量は C, H, O の含有率に依存しますので, 製造に用いたアルコールの
分子数が増えるほど, O の含有率が減少して C と H の含有率が増加するため,
低発熱量が増加しています. また, 製造に用いたアルコールの分子数が増える
ほど動粘度が高くなるのは, エステル分子の分子量が大きくなるほど動粘度
が高くなるため（Knothe 2005）です. ブチルエステル系燃料（PBE, PiBE,
P2BE）の間では, PBE および PiBE に比べ P2BE の動粘度が若干高くなって

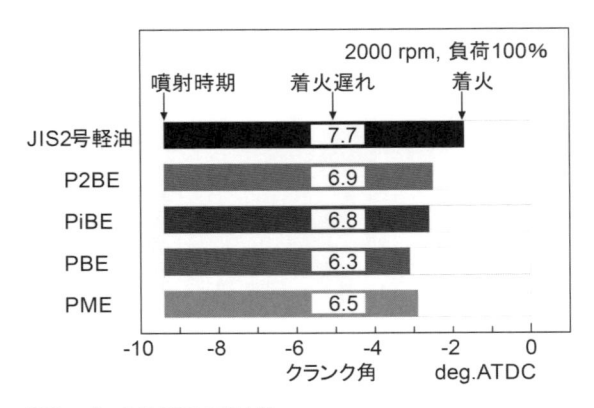

図3　パーム油 BDF の着火性

いますが，これは P2BE の方が高動粘度のジグリセライド残留量が多いためと考えられます．また，製造に用いたアルコールの分子数が増えるほど 50 ％留出温度および引火点が高くなるのは，エステル分子の分子量が大きくなってエステル単体の沸点が高くなるためで，引火点が高いほど安全な BDF となります．また，表5 から製造に使用したアルコールの分子数が増えるほど，また，3 つのブタノールの中ではブタノールの側鎖性が強くなるほど，パーム油 BDF の流動点および曇り点が改善しています．この理由は，アルコールの分子数が増えるほど，また，ブタノールの側鎖性が強くなるほど，エステル分子の側鎖性が強くなり，高融点の脂肪酸エステル成分（ステアリン酸エステルやパルミチン酸エステル）の結晶化が抑制されたため，流動点および曇り点が改善したと考えられます．

　表4 から分かるように，使用するアルコールの分子量が大きいほど，アルコールを多く使用し，高い反応温度，長い反応時間が必要です．したがって，バイオブタノールによる BDF 製造はより多くのエネルギーを必要とし，製造コストも高額になります．実用化のためには，製造に必要なエネルギーとして廃熱を利用する，エネルギー消費の少ない製造方法を開発する等が必要になり，これは今後の課題です．

　燃料の着火性（自己着火性）はディーゼルエンジンにその燃料が使用できるかを表す最も重要なファクターの一つであり，セタン価という値で評価されます．このセタン価はセタン価測定専用エンジン（CFR エンジン）により測定（JIS 規格：JIS K2280）されますが，一般のディーゼルエンジンを使っても燃料の着火性をある程度評価することができます．これは，一般のディーゼルエンジンの燃焼室に指圧計を設置し，燃料噴射装置（インジェクタ）の針弁（ニード

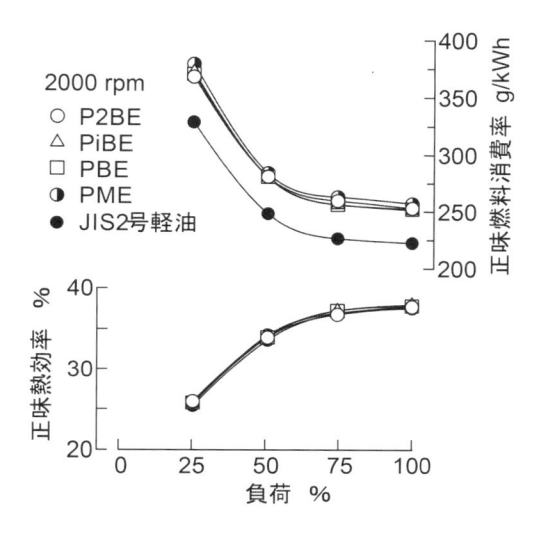

図4　パーム油 BDF の熱効率

ル）にセンサを取り付けて，燃料がシリンダー内に噴射されてから着火するまでの時間（着火遅れ）を測定することにより着火性を評価するものです．このようにして測定したパーム油 BDF の燃料噴射時期，着火時期および着火遅れを図3に示します．測定に使用したエンジンは単気筒水冷四サイクル直噴式ディーゼル（排気量 1007 cm^3，ボア×ストローク 110 × 106 mm，圧縮比 16.3，定格出力 11.77 kW/2200 rpm）で，エンジン回転数 2000 rpm で負荷 100 %（出力 11.2 kW）の場合の測定結果です．図3の横軸は時間経過を上死点後（ATDC: After Top Dead Center）のクランク角（クランク軸はエンジンの主軸で，エンジンが動いているときクランク軸が回転し，クランク角も時間とともに変わる）で表しており，クランク角 0 °は上死点（TDC: Top Dead Center），－10°は上死点前 10°（クランク角にして 10°だけ上死点より早い）を表します．図3のバーの長さおよびその中に書かれた数値は着火遅れを表し，数値が小さいほど着火性が良いということになります．図3から，パーム油 BDF の着火遅れは軽油より短く着火性が良好であることが分かります．PBE の着火遅れは PME とより幾分短くなっており，また，ブチルエステル系パーム油 BDF の間では，PBE < PiBE < P2BE となり，エステル分子のブチル基の側鎖性が増加するほど，着火遅れが長くなっています．図3と表4から PBE のセタン価は PME の約 64.5 とほぼ同じ，PiBE と P2BE のセタン価は 64.5 より幾分低い値と見積もられます．図3には PEE，PPE のデータを省略していますが，PEE や PPE の着火遅れは PME とほぼ同じになります（木下ほか 2009）．

　図4に図3と同じ実験におけるパーム油 BDF の正味燃料消費率（単位出力

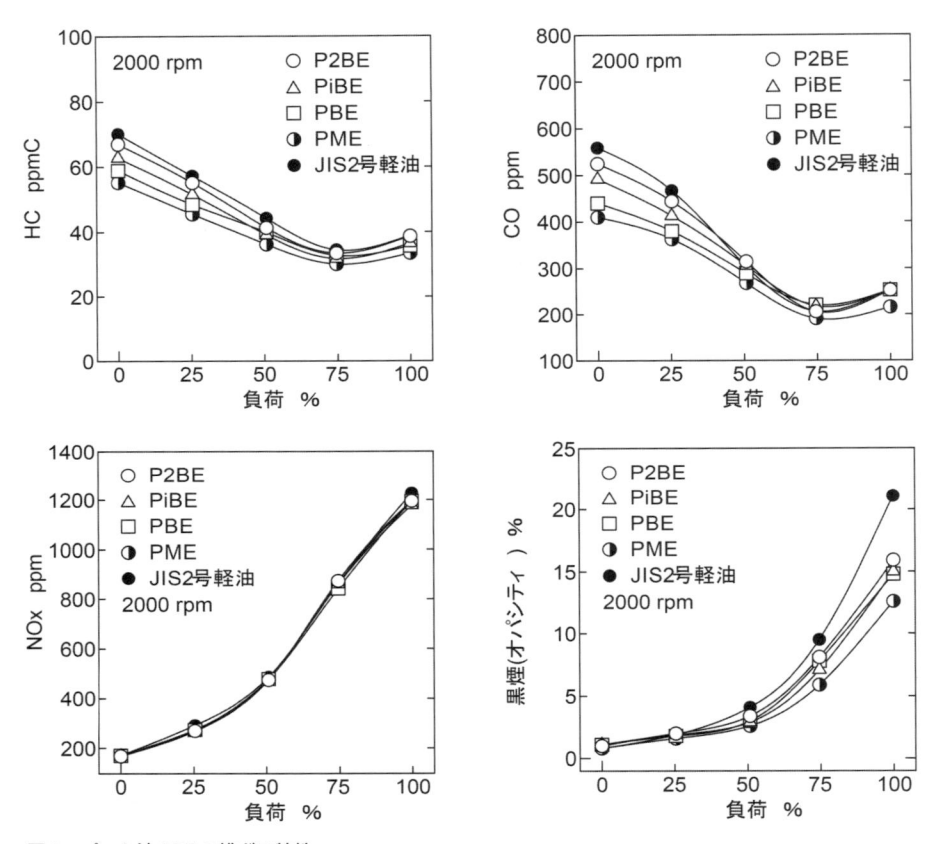

図5　パーム油 BDF の排ガス特性

当たりの燃料消費量）と正味熱効率を示しています．パーム油 BDF の正味燃料消費率は軽油に比べて高い値を示していますが，これは，表4に示すようにパーム油 BDF の低発熱量が軽油に比べて約15 ％低いために，同じ出力を得るには余計に燃料が必要なためです．しかし，図4に示すように，パーム油 BDF の正味熱効率は軽油とほぼ同じ値を示しています．図4には PEE，PPE のデータを省略していますが，PEE，PPE は PBE および PiBE とほぼ同じ正味燃料消費率および正味熱効率を示します（木下ほか 2009）.

　図5に図3と同じ実験におけるパーム油 BDF の排ガス中の未燃炭化水素（HC），一酸化炭素（CO），窒素酸化物（NOx）および黒煙（オパシティ）の

濃度を示しています．黒煙は光透過式スモークメータ（オパシメータ）で測定した値です．HC，CO および黒煙は燃料の不完全燃焼生成物であり，燃焼状態が悪いほど多く発生します．また，NOx は空気中の窒素と酸素を起源として主にエンジン内の高温部分（1500 ℃以上）で生成される物質で，燃焼状態が良好で燃焼温度が高いほど多く発生します．パーム油 BDF は NOx が軽油と同程度であり，HC，CO および黒煙が軽油より低減しています．パーム油 BDF の HC，CO および黒煙の低減の原因は高い着火性に加えて，その後の燃焼状態が良好であったためで，着火性が良好な燃料ほど低負荷（低出力）の HC と CO が低減し，また，酸素の含有率が高い燃料（酸素含有率：PME > PBE = PiBE = P2BE > JIS2 号軽油）ほど，黒煙が低減（黒煙：PME < PBE = PiBE = P2BE < JIS2 号軽油）しています．図5には PEE，PPE のデータを省略していますが，PEE と PPE は PBE および PiBE と同程度の排ガス特性を示します（木下ほか 2009）．

　以上のことから，ブタノールにより製造されたパーム油 BDF（PBE，PiBE，PBE）は，PME に比べて低温流動性が改善され，PME と同様に着火性に優れ，排ガス中の HC，CO，黒煙を軽油より低減できる有望なディーゼル代替燃料であり，バイオブタノールを BDF 製造に利用することによりライフサイクル CO_2 の削減に寄与できると思われます．パーム油以外の植物油からもバイオブタノールによる BDF 製造が可能で，燃料性状およびディーゼル燃焼・排ガス特性は原料である植物油の脂肪酸組成に依存して変化しますが，脂肪酸メチルエステルと脂肪酸ブチルエステルの間の関係，脂肪酸ブチルエステルの3つの異性体（1-ブチルエステル，イソブチルエステル，2-ブチルエステル）の間の関係は，パーム油 BDF の場合と類似したものになると思われます．バイオアルコールの生産性の向上や BDF 製造時のエネルギー消費の削減など，解決すべき課題はありますが，バイオアルコールを使った BDF の製造と利用を行うことは今後の BDF の普及に繋がると思われます．

2　バイオディーゼルの低温流動性の改善

　バイオディーゼル（BDF）は軽油に比べて低温流動性に乏しく，BDF の流

動点（石油製品等の液体混合物が流動する最低温度）は，菜種油メチルエステル（RME）で − 7.5 ℃，大豆油メチルエステル（SME）で − 2.5 ℃，ココナッツ油メチルエステル（CME）で − 5 ℃，パーム油メチルエステル（PME）で15 ℃であり，JIS2 号軽油の − 17.5 ℃に比べて高くなっています．日本において BDF を冬季に使用する場合，BDF の流動性が失われることよるエンジンへの供給が途絶える等のトラブルを避けるためには，BDF の低温流動性を改善する必要があります．低温流動性を改善する最も簡単な方法は流動点降下剤（燃料添加剤の一つ）を添加する方法であり，不飽和脂肪酸メチルエステルの含有率が高い RME や SME は比較的効果のある流動点降下剤が存在しますが，飽和脂肪酸メチルエステルの含有率が高い PME や CME に有効な流動点降下剤は存在しないのが現状です．特に，PME は流動点が15 ℃と高く，前項1で記載したように，RME や SME に比べ着火性に優れ，排ガス中の窒素酸化物（NOx），一酸化炭素（CO），未燃炭化水素（未燃 HC）が低減しますが，日本では冬季に固化して液体燃料として使用することが難しいため，廃食油から製造される PME の利用はほとんど進んでいません．

本節では，BDF の低温流動性を改善するために，下記の点について研究した結果を紹介します．

（1）分子数が多いアルコールを用いた BDF 製造による流動点改善

（2）流動点降下剤の添加による流動点改善

（3）アルコールの混合による流動点改善

上記（1）は前節1と内容が重複する部分もありますが，植物油の原料の違いについて言及します．前節では表3の詳細な説明を省いておりましたので，ここで説明します．表3はココナッツ油（ヤシ油），パーム油，菜種油および大豆油の脂肪酸組成を示したものです（日本油化学会 1996）．表3中の C は炭素数，N は炭素の二重結合数，あるいは不飽和度を表し，N=0 の脂肪酸を飽和脂肪酸，N ≧ 1 の脂肪酸を不飽和脂肪酸（N=1 は 1 価の不飽和脂肪酸，N>1 は多価の不飽和脂肪酸）といいます．表3に示すように，パーム油やココナッツ油は菜種油や大豆油とは脂肪酸組成が異なっており，飽和脂肪酸を多く含む油脂です．BDF は脂肪酸エステルの混合物であり，脂肪酸組成が異なる油脂から製造された BDF は異なった脂肪酸エステル組成を持ちます．したがって，

パーム油やココナッツ油から製造される BDF は，菜種油や大豆油から製造される BDF とは異なった燃料性状，ディーゼル燃焼・排ガス特性を示します．飽和脂肪酸は酸化安定性に優れており，不飽和度が高くなるほど酸化安定性が低下し，酸化劣化（熱酸化と自動酸化）され易くなります．表3の4種類の植物油から製造した BDF の間では，ココナッツ油メチルエステル（CME）が最も酸化安定性に優れており，大豆油メチルエステル（SME）が最も酸化安定性が劣ります．酸化安定性が劣る BDF ほど，不飽和脂肪酸エステルが酸化劣化して燃料噴射ポンプの焼付きや燃料噴射ノズルの詰まりなどのエンジントラブルを起こし易くなります．表3に示した以外の植物油は特殊なものを除いてほとんどがこれら4種類の植物油に類似した脂肪酸組成を示し，これら4種類の植物油から製造される BDF について把握しておけば，その他の植物油の BDF についてもある程度予測することが可能と考えられます．ここでは，4種類の植物油から製造される BDF の内で，最も低温流動性の改善が必要なパーム油 BDF を最初の研究対象とし，この研究結果に基づいて他の3種類の植物油の BDF についても研究対象としています．

2.1　分子数が多いアルコールを用いた BDF 製造による流動点改善

　表3に示す4種類の植物油から製造される BDF の中で，最も低温流動性の

表6　パーム油 BDF の流動点に及ぼすエステル分子の影響

パーム油BDF			BDF製造に使用したアルコール			
エステルの種類	略称	流動点, ℃	種類	分子式	融点, ℃	沸点, ℃
メチルエステル	PME	14	メタノール	CH_3OH	−93	65
エチルエステル	PEE	8	エタノール	C_2H_5OH	−117	78.5
1-プロピルエステル	PPE	6	1-プロパノール	C_3H_7OH	−127	97.4
1-ブチルエステル	PBE	4	1-ブタノール	C_4H_9OH	−89.5	117
イソブチルエステル	PiBE	0	イソブタノール	C_4H_9OH	−108	107.9
2-ブチルエステル	P2BE	−3	2-ブチルエステル	C_4H_9OH	−114.7	99
1-ペンチルエステル	PPeE	4	1-ペンタノール	$C_5H_{11}OH$	−79	137.5
イソペンチルエステル	PiPeE	2	イソペンタノール	$C_5H_{11}OH$	−117.2	132
1-ヘキシルエステル	PHxE	6	1-ヘキサノール	$C_6H_{13}OH$	−52	157
1-ヘプチルエステル	PHpE	10	1-ヘプタノール	$C_7H_{15}OH$	−36	176.3
1-オクチルエステル	POE	12	1-オクタノール	$C_8H_{17}OH$	−16.7	194.5

表 7　植物油 BDF の流動点（℃）に及ぼすエステル分子の影響

エステルの種類	ココナッツ油	パーム油	菜種油	大豆油
メチルエステル	−5	15	−7.5	−2.5
1-ブチルエステル	−10	5	−12.5	−7.5
イソブチルエステル	−12.5	0	−20	−10

表 8　脂肪酸メチルエステル（FAME）単体の融点

脂肪酸メチルエステル（FAME）	C:N	融点, ℃
カプリル酸メチルエステル	8:0	−30.7
カプリン酸メチルエステル	10:0	−12.7
ラウリン酸メチルエステル	12:0	5
ミリスチン酸メチルエステル	14:0	18.5
パルミチン酸メチルエステル	16:0	30.5
ステアリン酸メチルエステル	18:0	39.1
オレイン酸メチルエステル	18:1	−20
リノール酸メチルエステル	18:2	−35
リノレン酸メチルエステル	18:3	−57

C:炭素数，　N:炭素の二重結合数

改善が必要なパーム油 BDF を研究対象とし，前節 1 に示した結果に加えて，さらに分子数が多いアルコールを用いたパーム油 BDF 製造の場合についての結果を紹介します．

　表 6 に 11 種類のアルコールを用いて製造したパーム油 BDF の流動点の測定結果を示します（木下ほか 2011；伏見ほか 2015）．パーム油 BDF は，パーム油 2-ブチルエステル（P2BE）を除いて，水酸化カリウム KOH を触媒としてエステル反応を行い製造しました．一方，前節 1 と同様に，P2BE は硫酸 H_2SO_4 を触媒としてエステル反応を行い製造しました．製造したパーム油 BDF は BDF の JIS 規格（JIS K2390）程度の高品質な燃料です．流動点は，0 ℃を基準とする 2.5 ℃刻み（JIS K2269）ですが，流動点に及ぼすエステル分子の影響をより詳細に検討するために，1 ℃刻みで流動点を測定しています．表 6 から，パーム油 BDF は製造に用いたアルコールの炭素数が 4 までは，流動点は低下しています．これは，製造に用いたアルコールの炭素数が増加するほど BDF である脂肪酸エステルの分子構造の直鎖性が減少（側鎖性が増加）し，分子間の空間が増加して，高融点の脂肪酸エステル成分（ステアリン酸エステルやパルミチン酸エステル）の結晶化が抑制されたためと考えられます．表 6 から，製造に用いたアルコールの炭素数が 4 より多い場合では流動点が上昇しています．これは，アルコールの炭素数が増加するほど，脂肪酸エステルの分子の直鎖性は減少するものの，炭素数が 4 より多い場合は分子数が増え過ぎたために，BDF を構成する脂肪酸エステル単体の融点が上昇したため，流動点が上昇したも

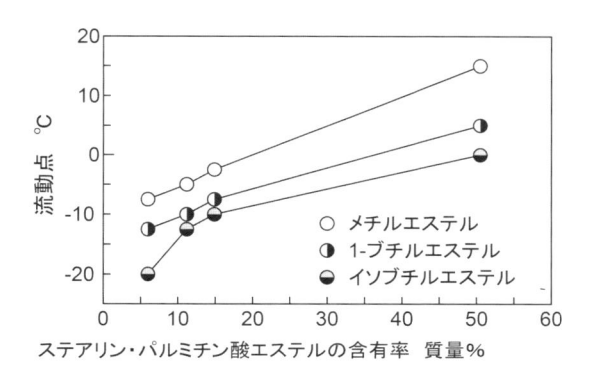

図6　BDF の流動点に及ぼすステアリン酸エステルと
　　　パルミチン酸エステルの合計含有率の影響

のと考えられます．また，同じ炭素数のアルコールでは，ノーマルアルコール（例えば 1- ブタノール）よりイソアルコール（例えばイソブタノール）の方が流動点は低下していますが，これは脂肪酸エステル分子の側鎖性が強くなり，高融点の脂肪酸エステル成分の結晶化が抑制されたためと考えられます．表6から，製造に使用した11種類のアルコールの中で，2- ブタノールによるパーム油 2- ブチルエステル（P2BE）が最も流動点が低くなっており，PME と比較すると 17 ℃改善しています．以上のように，BDF の流動点は脂肪酸エステルの分子に強く依存しており，脂肪酸エステルの分子数をあまり増やさずに分子の側鎖性を強めることにより，流動点を改善することが可能です．

　次に，上記のパーム油 BDF の結果を基に，表3に示す残りの植物油（ココナッツ油，菜種油，大豆油）に対して，ブタノールを用いた BDF 製造による流動点改善の検討を行いました（大神ほか 2018）．パーム油を含む 4 種類の植物油をメタノール，1- ブタノール，イソブタノールにより製造した 12 種類の植物油 BDF に対して，流動点を測定した結果を表7に示します．表7から，全ての植物油 BDF の流動点はメチルエステル，1- ブチルエステル，イソブチルエステルの順番に流動点が低下しています．また，どの種のエステルにおいても，菜種油，ココナッツ油，大豆油，パーム油の順に流動点が上昇しています．これは，脂肪酸組成に強く依存しており，表8に示すように融点の高い脂肪酸エステル（脂肪酸メチルエステル FAME のみを表示）の含有率が増加するためです．BDF は，高融点の脂肪酸エステル（ステアリン酸エステルやパルミチン酸エステル）成分が結晶化して流動性を失わせると考えられるため，ステアリン酸エステルとパルミチン酸エステルの含有率の合計を横軸にとって流動

表9　BDF の流動点（℃）に及ぼす流動点降下剤の添加率の影響

流動点降下剤添加率（質量%）	CiBE	PiBE	SiBE	RiBE	RBE	RME
0	−12.5	0	−10	−20	−12.5	−7.5
0.1	—	—	−22.5	< −35.0	−27.5	−22.5
0.3	−17.5	—	−25	< −35.0	< −35.0	< −35.0
1	—	0	—	—	—	—

CiBE：ココナッツ油イソブチルエステル　　　　RME：菜種油メチルエステル
PiBE：パーム油イソブチルエステル　　　　　　RBE：菜種油1-ブチルエステル
SiBE：大豆油イソブチルエステル　　　　　　　RiBE：菜種油イソブチルエステル
（注）流動点降下剤には三洋化成工業㈱のアクルーブ146を使用

点をプロットしたものを図 6 に示します．図 6 から，ステアリン酸エステルとパルミチン酸エステルの含有率が増加するほど流動点が上昇していることが分かります．図 6 により流動点と高沸点成分の含有率の関係に対する定性的な傾向は説明できますが，定量的には十分ではなく，今後さらに検討する必要があります．

　以上のように，分子数が多いアルコールを用いた BDF 製造（ここでは，脂肪酸エステルの分子数をあまり増やさずに分子の側鎖性を強めることを指す）による流動点の改善は，植物油の違い，すなわち脂肪酸組成に依存して改善効果が異なりますが，検討した 4 種類の植物油 BDF はいずれも流動点が改善されています．これらの植物油以外の植物油は，特殊なものを除いてほとんどが検討した 4 種類の植物油に類似した脂肪酸組成を示しますので，分子数が多いアルコールを用いた BDF 製造を行うことによって，効果の大小はありますが，流動点を改善できると予想されます．

2.2　流動点降下剤添加による流動点改善

　三洋化成工業㈱のポリメタクリレート系の潤滑油添加剤であるアクルーブ146 を用いて流動点降下剤添加による BDF の流動点改善を行った研究を紹介します（大神ほか 2018）．アクルーブ 146 の密度および動粘度は，それぞれ910 kg/m^3（15 ℃），300 mm^2/s です．4 種類のイソブチルエステル（ココナッツ油：CiBE，パーム油：PiBE，菜種油：RiBE，大豆油：SiBE）と菜種油 1-ブチルエステル（RBE），菜種油メチルエステル（RME）にアクルーブ 146 を添

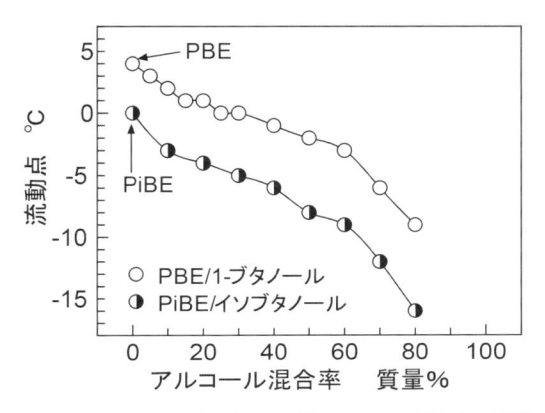

図7 PBE と PiBE の流動点に及ぼすアルコール混合率の影響

加した場合の流動点の測定結果を表9に示します．菜種油BDF（RiBE，RBE，RME）の流動点には，実験装置の測定限界の−35.0 ℃より低いデータがあります．表9より，4種類のイソブチルエステルを比較すると，高融点成分（ステアリン酸エステルやパルミチン酸エステル）の含有率が少ないほど流動点降下剤添加の効果は大きくなっており，また，菜種油BDF（RiBE，RBE，RME）を比較すると，エステル分子の側鎖性が大きいほど流動点降下剤の添加量が少なくて流動点が低下しています．また，PiBE は流動点降下剤を1質量％添加しても効果が無く，流動点降下剤の効果が出るのは2質量％以上で，その場合も1℃しか改善できません（木下ほか 2011）．したがって，流動点降下剤添加によるBDF の流動点改善の効果は脂肪酸組成やエステル分子の構造に依存しています．ディーゼルエンジンにおける BDF の着火性，熱効率，排ガス特性に及ぼす流動点降下剤の添加の影響については，菜種油BDF（RiBE，RBE，RME）に流動点降下剤（アクルーブ146）を添加した場合，0.3質量％までは何ら影響を与えることはありませんでした（大神ほか 2018）．一般に，燃料添加剤は，少量の添加であれば，ディーゼル燃焼にほとんど影響を与えることはありません．BDF の種類に依存しますが，流動点降下剤の添加により BDF の流動点を改善することができます．

2.3　アルコール混合による流動点の改善

　アルコールは融点が低い（表6参照）ので，BDF にアルコールを混合することによって流動点を改善することができます．BDF 製造には過剰のアルコールが必要（表4のパーム油 BDF 製造の場合，メタノールでは理論量の2倍，1-ブタノールでは理論量の3倍など）ですので，製造時の余剰アルコールを混

表10 1-ブタノール混合 PME の燃料性状

供試燃料	B10P	B20P	B30P	B40P	B50P	B60P
1-ブタノール混合率, 質量%	10	20	30	40	50	60
低発熱量, MJ/kg	36.78	36.36	35.94	35.52	35.1	34.68
密度 @ 288K, kg/m^3	868	861	854	845	837	828
動粘度 @313K, mm^2/s	3.44	3.07	2.98	2.83	2.57	2.54
引火点, ℃	44	41	38	–	–	–
流動点, ℃	12.5	10	10	7.5	7.5	5
C　　　　質量%	75.1	73.9	72.8	71.6	70.5	69.4
H　　　　質量%	12.5	12.6	12.8	12.9	13	13.1
O　　　　質量%	12.4	13.5	14.4	15.5	16.5	17.5
理論空燃比	12.37	12.21	12.1	11.97	11.83	11.7

合用に再利用できます．混合に用いるアルコールとしては，メタノールは劇物ですので特に注意が必要になります．メタノール，エタノールおよび1-プロパノールは水と任意の割合で溶解しますが，ブタノール（1-ブタノール，イソブタノール，2-ブタノール）は水に対する溶解度が低く，また，吸水性もメタノール，エタノール，1-プロパノールに比べて低く，さらにまた，沸点が高い（表6参照）ので混合用の燃料としては有利です．一般に，混合用燃料に用いる場合，高沸点の物質ほど蒸発性が低いため，引火点が低くなり，燃料として取り扱う上では安全になります．

　図7に，一つの例として，2種類のパーム油 BDF（1-ブチルエステル：PBE，イソブチルエステル：PiBE）に製造に用いたアルコールを混合した場合の流動点の測定結果を示します（木下ほか 2011）．PBE／1-ブタノール，PiBE／イソブタノールの2つの混合燃料において，アルコールの混合率が増加するほど流動点は低下しています．アルコールの混合率が30質量%のとき，流動点は PBE／1-ブタノールで4℃，PiBE／イソブタノールで5℃改善しています．

　BDF にアルコールを混合することによって流動点を改善することはできますが，ディーゼル燃焼におけるアルコール混合は，アルコールのセタン価が低い（セタン価は，エタノール：8，1-ブタノール：17，JIS2号軽油：56，PME：65.4）ために着火性を悪化させ，低出力（低負荷）において排ガス中の未燃炭化水素（HC）や一酸化炭素（CO）を増加させ，多量に混合した場合に

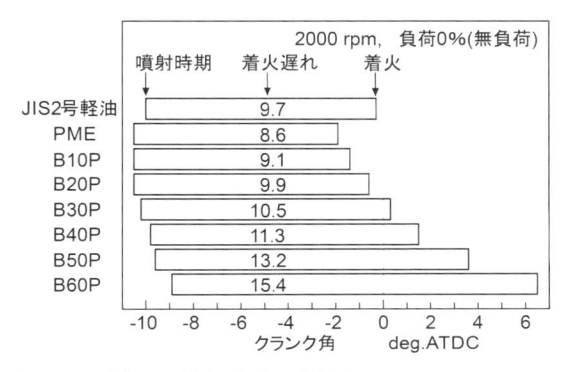

図8　1-ブタノール混合 PME の着火遅れ

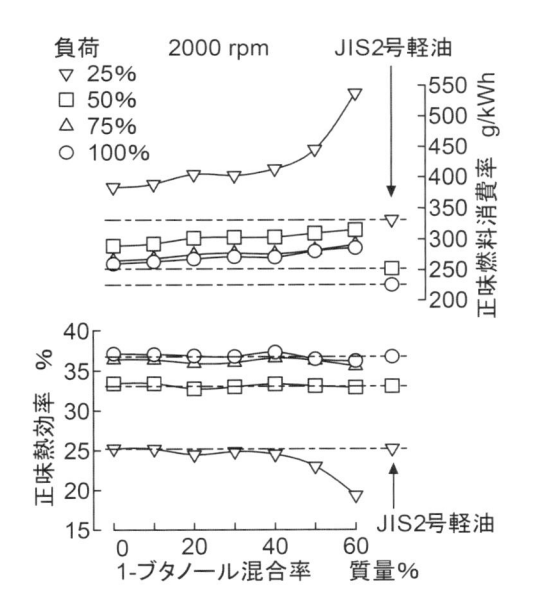

図9　1-ブタノール混合 PME の熱効率

は運転が不安定になりますので，アルコールの混合利用する場合には注意が必要になります．アルコール混合 BDF の燃料性状とディーゼル燃焼に関して，一例として，パーム油メチルエステル（PME）に 1-ブタノールを混合した場合の研究（Otaka 2014）を以下に説明します．

　表10に 1-ブタノール混合 PME の燃料性状を示します．PME に対して 1-ブタノールを 60 質量％まで混合しています．1-ブタノールは，PME に比べて，低発熱量，密度，動粘度，沸点，流動点が低いので，1-ブタノール混合 PME のそれらの値も 1-ブタノールの混合率が増加するほど低下しています．セタン価が低い 1-ブタノールの混合は，1-ブタノール混合 PME のセタン価を低下さ

せて着火性を悪化させますが，一方で，1-ブタノールの動粘度と沸点が PMEに比べて低いので，噴霧の微粒化と噴霧液滴の蒸発を改善させるというメリットがあります．燃料の蒸発性の向上は燃焼室内に形成されるカーボン堆積を低減する効果があり，1-ブタノールの混合により BDF の燃焼室内カーボン堆積

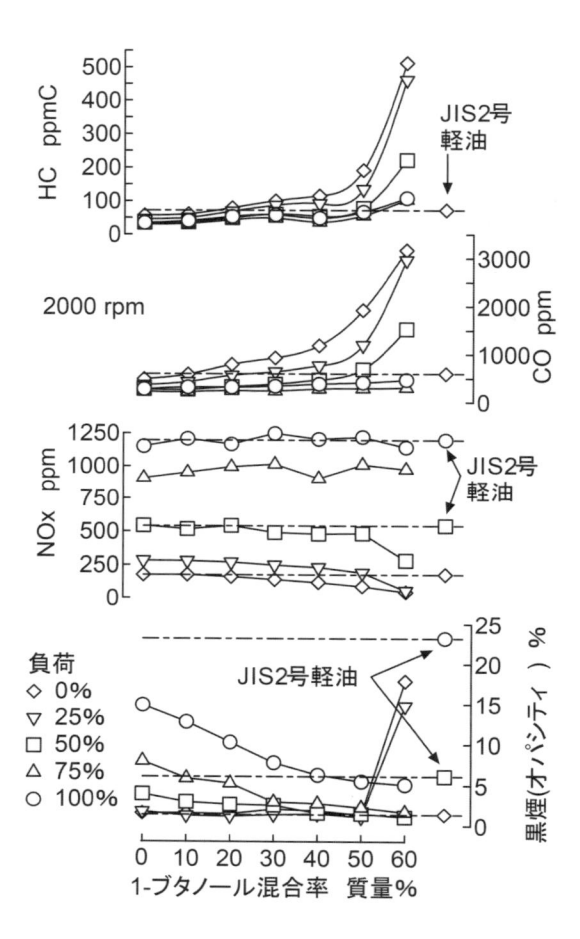

図10　1-ブタノール混合 PME の排ガス特性

を低減できる可能性があると考えられます.

図8に1-ブタノール混合 PME の着火遅れの測定結果を示します. 図3と同様のディーゼルエンジンと測定方法を用いており, 図8は負荷0％（出力無し）の場合の測定結果です. 図8より, セタン価が低い1-ブタノールの混合率が増加するほど着火遅れが長くなっていることが分かります. この実験において, エンジンンに何ら変更を加えずに1-ブタノール混合 PME 燃料を適用しており, 1-ブタノール混合率が60質量％までは, エンジンの始動性, エンジン回転の安定性には無負荷を含めて全ての負荷（出力）において特に問題はありま

せんでした. 1-ブタノール混合率が60質量％を超える場合には, エンジン回転が不安定になり, 実験ができませんでした.

図9に図8と同じ実験における1-ブタノール混合 PME の正味燃料消費率（単位出力当たりの燃料消費量）と正味熱効率を示しています. 図9には右端にJIS2号軽油のデータも示しており, 1-ブタノール混合率が0質量％は PME を表しています. 1-ブタノール混合 PME の正味燃料消費率は1-ブタノール混合

率が増加するほど高い値を示していますが，これは，表 10 に示すように 1-ブタノール混合 PME の低発熱量が 1-ブタノール混合率の増加に伴って低下したために，同じ出力を得るには余計に燃料が必要なためです．しかし，図 9 に示すように，1-ブタノール混合 PME の正味熱効率は 1-ブタノール混合率が 40 質量％までは全ての負荷（出力）において PME や軽油とほぼ同じ値を示しています．

　図 10 に図 8 と同じ実験における 1-ブタノール混合 PME の排ガス中の未燃炭化水素（HC），一酸化炭素（CO），窒素酸化物（NOx）および黒煙（オパシティ）の濃度を示しています．図 10 には右端に JIS2 号軽油のデータも示しており，1-ブタノール混合率が 0 質量％は PME を表しています．黒煙は光透過式スモークメータ（オパシメータ）で測定した値です．HC，CO および黒煙は燃料の不完全燃焼生成物であり，燃焼状態が悪いほど多く発生します．また，NOx は空気中の窒素と酸素を起源として主にエンジン内の高温部分（1500 ℃以上）で生成される物質で，燃焼状態が良好で燃焼温度が高いほど多く発生します．

　図 10 から，1-ブタノール混合率が増加するほど，1-ブタノール混合 PME の黒煙は減少していますが，HC および CO 濃度は増加し，特に低負荷で顕著に増加しています．1-ブタノール混合による黒煙低減の理由は，1-ブタノール混合により燃料中の酸素濃度が増加し（表 10），噴霧の燃料過濃部分において酸素不足が補われたことにより黒煙発生が抑制されたためと考えられます．一方，1-ブタノール混合による HC・CO 濃度の増加の理由は，1-ブタノール混合率が増加するほど着火が遅れるため，燃焼室内に噴霧された 1-ブタノール混合 PME が空気と過剰に混合して燃料希薄部分を多く形成し，この部分が不完全燃焼を起こすためと考えられます．NOx 濃度は，1-ブタノール混合率が増加するほど低負荷（低出力）において若干減少傾向にあり，HC・CO の増加とトレードオフ（二律背反）の関係にあります．1-ブタノール混合率が 30 質量％までは 1-ブタノール混合 PME の HC・CO 濃度は軽油に比べて低減又は同程度ですが，1-ブタノール混合率が 50 質量％以上では特に低負荷において HC・CO・黒煙は急激に増加しており，図 8 に示すように着火遅れが増大し過ぎたことによる燃焼状態の悪化が原因と思われます．

図 8 ～図 10 の結果から，1- ブタノール混合 PME をエンジンンに何ら変更を加えずに適用した場合，1- ブタノール混合率の上限は，熱効率，着火性，排ガス特性を総合的に考慮すると，40 質量％と結論付けられます．ここでは，1- ブタノール混合 PME を例として取り上げましたが，図 7 に示した PBE ／ 1- ブタノール，PiBE ／イソブタノールの混合燃料の場合も 1- ブタノール混合 PME と類似した結果になると考えられ，その他の組み合わせ，例えば，RBE ／ 1- ブタノール，RiBE ／イソブタノールなども定性的には同様の結果になると考えられます．

　以上のことから，アルコール混合は，BDF の流動点を改善できるとともに，排ガス中の黒煙も低減できる有効な方法ということになります．また，アルコールの混合により燃料の蒸発性が向上して燃焼室内カーボン堆積が低減すると考えられますので，アルコール混合は流動点を含む燃料改善の有効な方法の一つと思われます．

3　まとめ

　本章では，日本においてバイオディーゼル（BDF）をこれまで以上に普及させるために，鹿児島大学において取り組んでいる以下の研究を紹介しました．
　（1）バイオアルコールを使った BDF の製造と利用
　（2）BDF の低温流動性の改善
　上記の研究は，解決すべき課題がありますが，日本だけでなく海外においても BDF 普及の一助になると思われます．

　前章の芳香族炭化水素バイオ燃料（さとうきび等から製造されるバイオ燃料で，トルエン，キシレンなどの単環芳香族炭化水素，ナフタレンなどの二環芳香族炭化水素が主成分，重質油が若干含まれる）はセタン価が低いため，ディーゼル燃料として利用する場合には軽油等のセタン価が高い燃料に混合する必要があり，BDF との混合利用が考えられます．芳香族炭化水素系バイオ燃料と BDF との混合利用は，芳香族炭化水素バイオ燃料の動粘度が低く，蒸発性が高いので，前節 2 のアルコール混合の場合と同様に，BDF にとっても燃料改善になり，BDF の今後の研究課題の一つと考えられます．

引用文献

上村芳三 , 甲斐敬美 , 木下英二 , 高梨啓和 , 浜崎和則 , バイオディーゼル　その意義と
　　活用 , 鹿児島 TLO, 2008.

Crabbe, E., Nolasco-Hipolito, C., Kobayashi, G., Sonomoto, K., Ishizaki, A., Biodiesel
　　production from crude palm oil and evaluation of butanol extraction and fuel
　　properties, Process Biochemistry, Vol.37, pp.65-71, 2001.

Atsumi, S., Hanai, T., Liao, L.C., Non-fermentative pathways for synthesis of branched-
　　chain higher alcohols as biofuels, Nature, 451, pp.86-89, 2008.

木下英二 , 植田裕 , 高田聖士 , パーム油イソブチルエステルのディーゼル燃焼特性 ,
　　自動車技術会論文集 , Vol.40, No.5, pp.1357-1362, 2009.

伏見和代 , 久木崎雅 , 大高武士 , 木下英二 , 吉本康文 , パーム油 2 ブチルエステルのディ
　　ーゼル燃焼特性 , 日本機械学会論文集 , Vol.81, No.829, pp.1-10, 2015.

日本植物油協会 ,　2016（http://www.oil.or.jp/kiso/seisan/seisan06_03.html）.

浜崎和則 , 木下英二 , 松尾佳朋 , Wira JAZAIR, ディーゼル燃料としてのパーム油の利
　　用 ,　日本機械学会論文集 B 編 , 68 巻 667 号 , pp.958-963, 2002.

日本油化学会 , 基準油脂分析試験法 , 1996.

Knothe, G., Dependence of biodiesel fuel properties on the structure of fatty acid alkyl
　　esters, Fuel Processing Technology, Vol.86, pp.1059-1070, 2005.

木下英二 , 高田聖士 , 笹川裕樹 , パーム油バイオディーゼルの流動点改善とディーゼ
　　ル燃焼 , 自動車技術会論文集 , Vol.42, No.1, pp.225-230, 2011.

大神悠太 , 木下英二 , 大高武士 , 中武靖仁 , 吉本康文 , バイオディーゼル燃料の流動点
　　改善とディーゼル燃焼 , 日本機械学会第 23 回動力エネルギーシンポジウム講演
　　論文集 , No.18-17, pp.1-5, 2018.

Otaka. T., Fushimi, K., Kinoshita, E., Yoshimoto, Y., Diesel Combustion Characteristics
　　of Palm Oil Methyl Ester with 1-Butanol, SAE Paper 2014-32-0085, pp.1-8, 2014.

第3章

バイオガス改質プロセスによる水素製造と二酸化炭素の削減

平田好洋・下之薗太郎・鮫島宗一郎・吉留俊史・山地克彦

1 はじめに

　本章では，日本のエネルギー事情，再生可能エネルギーの1つであるバイオガスの利用，及び水素エネルギー利用について，現状と今後の方向を記述する．その後，当研究室で行っているバイオガス改質による水素製造と二酸化炭素の削減について紹介する．最後に南九州地域での水素事業モデルを提案する．

2 日本のエネルギーと二酸化炭素排出量

　日本の一次エネルギー利用量は2005年の約2万3千PJから2016年の約2万PJに徐々に減少している（PJ：ペタジュール，10^{15} J）[1]．2011年の東日本大震災での原子力発電所の事故のため，原子力エネルギーの割合は現在では1 %程度に低下し，石油，石炭，天然ガスを含む化石燃料の割合が約90 %に増加している [1]．残り8 %が水力と再生可能エネルギーである．省エネルギー化が進む一方で，日本はほとんどのエネルギーを外国からの輸入に頼っている．世界の化石燃料の消費量は増え続けている．それに伴い大気中の二酸化炭素濃度は，産業革命前の280 ppmから現在の400 ppmまで増加している [2]．二酸化炭素は温室効果ガスの一種であり，大気中濃度の増加により地球温暖化が進行する．世界の平均地上温度は1900年と比べて現在では約1 ℃上昇しており，水温上昇に伴う海水の膨張や氷床・氷河の融解で海面水位は19 cm上昇している [3]．これにより自然災害が増大し，生物分布の変化をもたらす．また，生活空間調整エネルギーの増大は二酸化炭素の排出量を増加させ，地球

温暖化がさらに進行する．このような状況下で 2016 年にパリ協定が発効され，産業革命前からの気温上昇幅を 1.5 ℃以内に抑えることを目標としている．パリ協定の発効を受け，2050 年における主要国の二酸化炭素の排出量削減目標が示された．日本 80 %（基準年 2013 年），米国 80 %（2005 年比），カナダ 80 %（2005 年比），ドイツ 80 〜 90 %（1990 年比），フランス 75 %（1990 年比）である．

　エネルギーの安定供給と二酸化炭素の排出削減のため，化石燃料への依存度を低下させることが必要である．2015 年の経済産業省の「長期エネルギー需給見通し」では，2030 年の電力構成を再生可能エネルギー 22 〜 24 %，原子力 22 〜 20 %，天然ガス 27 %，石炭 26 %，石油 3 % としている．再生可能エネルギーの内訳は水力 8.8 〜 9.2 %，太陽光 7.0 %，風力 1.7 %，バイオマス（バイオガス含む）3.7 〜 4.6 %，地熱 1.0 〜 1.1 % である．2013 年の電源構成に占める再生可能エネルギーの割合は 11 % であり，再生可能エネルギー割合の増加を予想している．2012 年に再生可能エネルギーの固定価格買取制度が導入され，再生可能エネルギーで発電した電力を電気事業者へ売ることが可能となった．

参考文献

[1] 経済産業省 資源エネルギー庁，平成 28 年度エネルギー需給実績（http://www.meti.go.jp/press/2017/11/20171117006/20171117006-1.pdf）

[2] 電気事業連合会, 化石燃料等からの CO_2 排出量と大気中の CO_2 濃度の変化（http://www.ene100.jp/www/wp-content/uploads/zumen/2-1-3.jpg）

[3] 国土交通省 気象庁 ホームページ，地球規模の気候の変化（http://www.data.jma.go.jp/cpdinfo/chishiki_ondanka/p07.html）

3　日本のバイオガス利用の現状と今後の方向

　前述のように地球温暖化防止策として，再生可能エネルギーの利用拡大が求められている．バイオガスは食品廃棄物，家畜排せつ物，下水汚泥等のメタン菌による発酵プロセスで生成する再生可能エネルギーであり，約 60 % のメタ

ン（CH₄）と約 40 ％の二酸化炭素（CO₂）を含んでいる．メタンガスはまた，都市ガスに約 90 ％含まれている．国内の約 2200 カ所の下水処理場のうち，約 300 カ所でメタン発酵処理施設が導入されている．発生したバイオガスを燃焼し，発酵槽の加温等に熱利用している [1,2]．さらに，バイオガス発電を行っている施設は 40 カ所程度である [1]．また，下水処理場以外の約 50 カ所のごみ焼却施設等でもバイオガス発電を行っている [2]．これらのバイオガス発電の規模は小さく，一施設当たり 25 〜 400 kW である [3]．

　ここで，日本の未利用バイオマスの賦存量からバイオガス発電の電力量を試算してみる．2015 年のバイオマスの発生量は炭素換算で約 3400 万トンあり，その内約 2400 万トンが肥料・飼料，リサイクル，燃料として利用されている [4]．利用率は 70.6 ％である．未利用分の 1000 万トン（炭素換算値）から発生するバイオガス量は約 190 億 Nm^3 である（Nm^3 は 0 ℃，1 気圧の気体の体積を表す単位である）．メタンの発熱量（35.8 MJ/Nm^3, MJ：メガジュール，10^6 J）から電力量を試算すると約 330 億 kWh となる（バイオガス中のメタン濃度を 60 ％，発電効率を 30 ％として計算した）．一世帯当たりの年間の電力消費量を 4500 kWh とすると，約 740 万世帯（国内世帯数の 14 ％）の電力量に相当する．バイオガス発電の普及拡大が今後期待される．

参考文献

[1] 日本下水道事業団 技術戦略部（2013），下水汚泥と食品廃棄物混合処理の現状と課題について（http://www.env.go.jp/council/03recycle/y031-04/mat06.pdf）

[2] バイオガス事業推進協議会（2015），バイオガス事業の栞（http://www.biogas.jp/pdf/pdf_siori.pdf）

[3] 経済産業省 総合資源エネルギー調査会 省エネルギー・新エネルギー分科会（2014），第 1 回新エネルギー小委員会配布資料（http://www.meti.go.jp/committee/sougouenergy/shoene_shinene/shin_ene/pdf/001_03_00.pdf）

[4] 農林水産省 食料産業局（2016），バイオマスの活用をめぐる状況（http://www.maff.go.jp/j/shokusan/biomass/pdf/doc_biomss_201611.pdf）

4　水素の製造法と二酸化炭素の活用

　現在，世界で利用されている水素の 90 ％ が化石燃料であるナフサの水蒸気改質及び副生する一酸化炭素のシフト反応で製造されている（水蒸気改質反応：$C_mH_n + mH_2O \rightarrow (m + n/2) H_2 + mCO$，水性ガスシフト反応：$mCO + mH_2O \rightarrow mH_2 + mCO_2$，ここで m は約 8，n は 18 である）．その他の水素製造方法として，コークス炉ガス，アルカリ水電解，高温ガス炉 IS プロセスなどがある（IS プロセス：ヨウ化水素と硫酸の分解・生成を通して水を分解するプロセス．$2HI \rightarrow H_2 + I_2$（ヨウ化水素分解反応，400 ℃），$H_2SO_4 \rightarrow 1/2O_2 + SO_2 + H_2O$（硫酸分解反応，900 ℃），$I_2 + SO_2 + 2H_2O \rightarrow 2HI + H_2SO_4$（ヨウ化水素と硫酸の生成反応），全反応 $H_2O \rightarrow H_2 + 0.5O_2$）．現在の日本国内の年間水素利用量は 150 億 Nm^3 であり，ほとんどが工業的に自家消費される [1]．産業別の水素利用割合は石油精製71.2 ％，アンモニア業界15.8 ％，石油化学10.3 ％，外販水素 2.1 ％，ソーダ業界 0.7 ％ である [1]．今後は燃料電池自動車や定置用燃料電池の普及拡大，水素発電（水素燃焼によるガスタービン発電や汽力発電）の導入がすすみ，水素量の利用，増加が見込まれる．2030 年の自家消費を除く水素需要は最大で 250 億 Nm^3 との試算がある [2]．この水素需要量は現在の製油所の水素製造装置による水素供給能力を超えている．海外の安価な未利用エネルギー（例えば，オーストラリアに豊富にある褐炭）から水素を製造して，日本へ輸送することが検討されている（$C + 2H_2O \rightarrow 2H_2 + CO_2$，副生する二酸化炭素は貯留される）[3]．

　二酸化炭素の利活用について，理想的には植物の光合成プロセスがあるが，未だ工業的なプロセスは開発されていない（$12H_2O + 6CO_2 + $ 太陽光 $\rightarrow C_6H_{12}O_6$（ブドウ糖）$+ 6H_2O + 6O_2$）．最近，高濃度 CO_2 による農作物の収穫量の増大，成長速度の増大について，取り組みが報告されている [4]．また，二酸化炭素から有用な化学物質（ギ酸，HCOOH [5]，一酸化炭素，CO [6]，メタン，CH_4 [7]，エチレン，C_2H_4 [8]，メタノール，CH_3OH [9]）を合成するプロセスが報告されている．図 4-1 に当研究室で行っているバイオガス改質プロセスによる水素製造と二酸化炭素の削減のプロセスを示す．このプロセスでは，バイオ

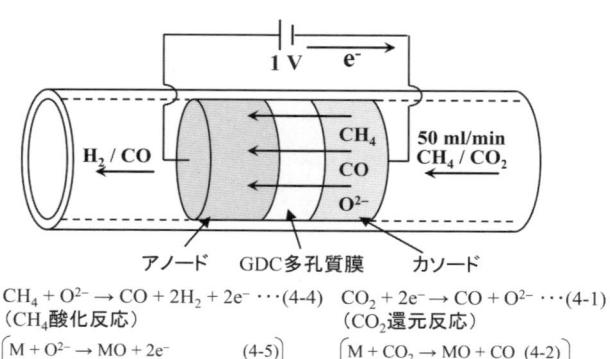

ガスの CH_4 を共存する CO_2 と反応させて H_2 と CO を合成する（$CH_4 + CO_2 \rightarrow 2H_2 + 2CO$）．生成した一酸化炭素の一部は水性ガスシフト反応で水素と二酸化炭素に変換する（$CO + H_2O \rightarrow H_2 + CO_2$）．ここで生成する二酸化炭素はメタンリッ

$CH_4 + O^{2-} \rightarrow CO + 2H_2 + 2e^- \cdots (4\text{-}4)$　　$CO_2 + 2e^- \rightarrow CO + O^{2-} \cdots (4\text{-}1)$
（CH_4 酸化反応）　　　　　　　　　　　　（CO_2 還元反応）

$$\begin{bmatrix} M + O^{2-} \rightarrow MO + 2e^- & (4\text{-}5) \\ CH_4 + MO \rightarrow CO + 2H_2 + M & (4\text{-}6) \end{bmatrix} \quad \begin{bmatrix} M + CO_2 \rightarrow MO + CO & (4\text{-}2) \\ MO + 2e^- \rightarrow M + O^{2-} & (4\text{-}3) \end{bmatrix}$$

GDC : $Ce_{0.8}Gd_{0.2}O_{1.9}$ (Gd-doped ceria electrolyte, 50 μm thickness)
全反応 (4-1) + (4-4)　$CH_4 + CO_2 \rightarrow 2H_2 + 2CO \cdots (4\text{-}7)$

図4-1　バイオガス改質プロセスによる水素製造

チなバイオガスの改質に再利用され，大気中に排出されない．残りの一酸化炭素は分解して炭素として固定化する（$2CO \rightarrow 2C + O_2$）．これらの3つの反応の全反応式は（4-8）式で与えられる．

　　バイオガス（$3CH_4 + 2CO_2$）$+ CO_2$（循環）$+ H_2O$

　$\rightarrow$　$7H_2 + CO_2$（循環）$+ 5C + 2.5O_2$　　　　　　　　　　　　　　　(4-8)

　このプロセスの実現を目指して，本研究室では電気化学反応器を用いたバイオガス改質反応，水性ガスシフト反応，一酸化炭素分解反応及びセラミックス多孔体を用いた二酸化炭素分離の研究を行っている．研究成果を5節～8節に示す．

参考文献

[1] 経済産業省 資源エネルギー庁（2014），水素の製造，輸送・貯蔵について（http://www.meti.go.jp/committee/kenkyukai/energy/suiso_nenryodenchi/suiso_nenryodenchi_wg/pdf/005_02_00.pdf）

[2] みずほ情報総研（2013），水素エネルギーの活用に向けた日本の取組みと将来展望（https://www.mizuho-ir.co.jp/publication/report/2013/mhir06_hydrogen_01.html）

[3] 経済産業省・内閣府・文部科学省・国土交通省・環境省（2017），第10回水

素・燃料電池戦略協議会 事務局提出資料「水素社会実現に向けた戦略の方向性」（http://www.meti.go.jp/committee/kenkyukai/energy/suiso_nenryodenchi/pdf/010_01_00.pdf）

[4] 日本経済新聞 電子版（2013年2月20日），進む CO₂ の農業利用　温暖化の「悪玉」を有用資源に（https://www.nikkei.com/article/DGXNASFK1301Y_T10C13A2000000/）

[5] Udupa K S, Subraman G S, Udupa H V K（1971）Electrolytic reduction of carbon dioxide to formic acid. Electrochim. Acta, 16: 1593–1598

[6] Furuya N, Koide S（1991）Electroreduction of carbon-dioxide by metal phthalocyanines. Electrochim. Acta 36: 1309–1313

[7] Hara K, Sakata T（1997）Electrocatalytic formation of CH₄ from CO₂ on a Pt gas diffusion electrode. J. Electrochem. Soc. 144: 539–545

[8] Cook R L, Macduff R C, Sammells A F（1990）High-rate gas-phase CO₂ reduction to ethylene and methane using gas-diffusion electrodes. J. Electrochem. Soc. 137: 607–608

[9] Summers D P, Leach S, Frese K W（1986）The electrochemical reduction of aqueous carbon-dioxide to methanol at molybdenum electrodes with low overpotentials. J. Electroanal. Chem. 205: 219–232

5　バイオガスの電気化学反応を利用した水素合成

5.1　バイオガス改質研究の背景

　バイオガスから水素を製造する方法として，水蒸気改質（$CH_4 + H_2O \rightarrow 3H_2 + CO$ (5-1)）[1] やドライリフォーミング（$CH_4 + CO_2 \rightarrow 2H_2 + 2CO$ (5-2)）[2-6] がある．バイオガスはもともとメタンと二酸化炭素を含んでおり，メタンドライリフォーミングに適した原料である．メタンドライリフォーミングでは，副反応のメタン熱分解により析出した炭素（$CH_4 \rightarrow C + 2H_2$ (5-3)）が改質反応を阻害する．そのため，メタン熱分解を抑制しつつ，ドライリフォーミング反応を促進する触媒の研究が広く行われている．貴金属のロジウム（Rh）とルテニウム（Ru）は，そのような触媒の候補である [2].

当研究室では，独自に開発した多孔質電気化学反応器（図 4-1）を用いてドライリフォーミングを促進する研究を行っており [7–12]，この反応器による水素製造が特許として権利化されている（特許 5376381 号，2013 年）．この反応器は酸化物イオン電導性の電解質が多孔質構造をとり，ガスとイオンの同時輸送が可能である．反応機構は以下の通りである．バイオガス中の CO_2 がカソード電極上で電気化学的に還元されて CO ガスと O^{2-} イオンを生成する（CO_2 + 2e$^-$ → CO + O^{2-}（5-4））．生成した CO ガス，バイオガス中の CH_4 ガス，O^{2-} イオンは多孔質電解質を通りアノード側へ輸送される．CH_4 分子と O^{2-} イオンはアノード電極上で反応し，H_2，CO，電子を生成する（CH_4 + O^{2-} → $2H_2$ + CO + 2e$^-$（5-5））．両電極上の反応がドライリフォーミング反応（CH_4 + CO_2 → $2H_2$ + 2CO（5-2））となる．ドライリフォーミング反応を促進させるために，様々な酸化物イオン導電体（電解質）と電極内の金属触媒を調査した．得られた結果は次の通りである．（1）酸化物イオンと電子の混合導電体であるガドリニウム固溶セリア電解質（Gd-doped ceria, GDC）は酸化物イオン輸率の高いイットリア安定化ジルコニア（yttria-stabilized zirconia, YSZ）よりも炭素析出の抑制において優れていた [9, 10]．これはカソードで生成した酸化物イオンにより，析出炭素が CO ガスとして除去されるためである（C + O^{2-} → CO + 2e$^-$（5-6））．（2）両電極に Ru–GDC 複合体を用いた電気化学反応器は，炭素析出を抑制しつつ，400 ～ 800 ℃で模擬バイオガスのドライリフォーミングを促進した [8, 10]．（3）Ni–GDC 複合体をアノード極に用いると，ドライリフォーミングよりもメタン熱分解が促進され，析出炭素によるガス閉塞が 500 ℃で起きた [8, 10]．（4）GDC 電解質，Ni–GDC カソード，Ru–GDC アノードからなる電気化学反応器がドライリフォーミングの促進と炭素析出の抑制に対して最も高い性能を示した．実バイオガスと二酸化炭素の混合ガス（体積比 CH_4/CO_2 = 1/1）をこの反応器に供給したとき，出口ガス割合の 80 % を超える H_2–CO 混合燃料が，24 時間にわたり連続して生成した [12]．

　本節ではルテニウム電極を汎用性金属であるコバルトで置き換えた反応器での実験結果 [13] について紹介する．金属コバルトを有する電気化学反応器でメタン熱分解実験と実バイオガスのドライリフォーミング反応を行い，ニッケルやルテニウムを電極に有する電気化学反応器で得られた結果と比較した．ま

た，メタンリッチなバイオガスでは，ドライリフォーミング反応に対して二酸化炭素が不足しており，この不足する二酸化炭素を空気中の酸素で代替した実験結果についても紹介する．本研究結果より，Co 触媒を有する電気化学反応器で二酸化炭素もしくは酸素を用いた実バイオガスを改質し，水素を製造することが可能であることが分かった．実験に使用したバイオガスは焼酎粕由来のものであり，鹿児島県いちき串木野市にある西薩クリーンサンセット事業協同組合（地元焼酎メーカー 5 社の出資と国費による支援で建設した焼酎粕のメタン発酵処理施設）で製造された．ここでは，350 トン／日の焼酎粕を処理し，1 万 2000 m^3／日のバイオガスを製造している．

5.2　実験方法

5.2.1　電気化学反応器の作製

　二種類の電気化学反応器を作製した．セル 1：ガドリニウム固溶セリア多孔質電解質（GDC, $Ce_{0.9}Gd_{0.1}O_{1.95}$），Co（30 vol%）–GDC（70 vol%）カソード，Co（30 vol%）–GDC（70 vol%）アノード．セル 2：GDC 多孔質電解質，Ni（30 vol%）–GDC（70 vol%）カソード，Co（30 vol%）–GDC（70 vol%）アノード．GDC 粉体はシュウ酸塩共沈法で作製した [14, 15]．0.2 M-Ce（NO_3）$_3$ 水溶液と 0.2 M-Gd（NO_3）$_3$ 水溶液をモル比が Ce : Gd = 9 : 1 となるように混合した．混合溶液を 0.4 M のシュウ酸水溶液中に滴下し，シュウ酸塩固溶体（$Ce_{0.9}Gd_{0.1}$）$_2$（C_2O_4）$_3$ として共沈させた．得られたシュウ酸塩を 600 ℃，空気中で 1 時間仮焼して GDC 粉体を得た．仮焼粉体を直径 3 mm のアルミナボールを用いて粉砕し，微細な GDC 粒子を得た．ボールミルした粉体をイソプロパノール 67 vol% とトルエン 33 vol% の有機溶媒中に固体量 25 vol% で分散させた．結合剤としてポリビニルブチラール，可塑剤としてポリエチレングリコールを GDC 粉体の質量に対してそれぞれ 5 ％と 9 ％を懸濁液に添加した．懸濁液を前ブレードの開口部が 170 μm のドクターブレード装置で厚さ 100 μm の電解質に製膜した．電極の作製では，体積比が GDC : Co（または GDC : Ni）= 7 : 3 となるように 1.0 M-Co（NO_3）$_2$ 水溶液または 1.4 M-Ni（NO_3）$_2$ 水溶液を GDC 粉体と混合した．その後凍結乾燥し，600 ℃，空気中で 1 時間仮焼して Co_3O_4–GDC 混合粉体を得た．また，800 ℃，空気中で 1 時間仮焼して NiO–GDC 混合

粉体を得た．電解質膜，カソード粉体，アノード粉体を直径 10 mm の錠剤成形器中で積層し，80 MPa で一軸加圧した．その後，積層体を 200 MPa で等方加圧し，共焼結を 1200 ℃，空気中で 2 時間行った．共焼結した電気化学反応器の電極のかさ密度と見かけ密度を再蒸留水を用いたアルキメデス法で測定した．Co_3O_4–GDC カソードの相対密度，開気孔率，閉気孔率はそれぞれ 81.7 %，18.3 %，0 % であった．NiO–GDC アノードの相対密度，開気孔率，閉気孔率はそれぞれ 83.2 %，15.3 %，1.6 % であった．

5.2.2 電気化学反応器を用いた二酸化炭素の分解，メタンの熱分解，バイオガスのドライリフォーミング

　白金リード線を溶接した白金メッシュ集電体をカソードとアノードの各表面に白金ペーストを用いて接着した．電気化学反応器を磁製管内に設置した．電気化学反応器と磁製管の隙間をガラスリングを 870 ℃，空気中で加熱することにより封着した．電極内の NiO と Co_3O_4 は 3 vol% の水蒸気を添加した水素雰囲気中，800 ℃で 8 時間還元され，金属 Ni と金属 Co が生成した．水素ガスをアルゴンガスで追い出した後，セル 1 を用いて，メタン熱分解，バイオガスのドライリフォーミングを 200 ～ 800 ℃で行った．メタン熱分解では高純度の CH_4（純度 > 99.99 %）が流量 50 ml/min でカソードへ供給された．使用した実バイオガスの化学組成は 60.0 % CH_4，37.5 % CO_2，2.5 % N_2，0.1 % O_2，2.1 ppm H_2S であった．高純度 CO_2（純度 > 99.99 %）をバイオガスと混合し，ドライリフォーミングの化学量論比 CH_4/CO_2 = 1/1 に調整した．40 ml/min のバイオガスと 10 ml/min の CO_2 を混合し，セル 1 とセル 2 に供給した．セル 2 では空気中の酸素を用いたバイオガスの改質も調査した．40 ml/min のバイオガスと 50 ml/min の空気を混合し，セル 2 に供給した．ガスのモル比は $CH_4/CO_2/O_2$ = 3/1.875/1.314 である．ポテンショスタットを用いて 0 ～ 2 V の電圧を電気化学反応器に印加した．出口ガス組成は，活性炭カラムと熱伝導度検出器を有するガスクロマトグラフを用いてキャリアガスにアルゴンを流して分析した．カラムと検出器の温度はそれぞれ 70 ℃と 100 ℃であった．検出器に供給した電流は 60 mA であった．出口ガスの流量は石けん膜流量計で測定した．ドライリフォーミング実験の後に電気化学反応器の構成相が X 線回折測定で同定された．反応器内の炭素析出を電子線マイクロアナライザーで分析した．

5.3　結果と考察

5.3.1　Co-GDC を両電極に有する電気化学反応器（セル 1）を用いた
メタンの分解

　図 5-1 は Co-GDC を両電極に有する電気化学反応器にメタンを供給したときの出口ガス組成と出口ガス中のメタンと水素の流量を示す．電気化学反応器の温度は 200 〜 800 ℃であり，印加電圧は 0 V または 1 V であった．電気化学反応器に供給した CH_4 ガスは 600 ℃以下で安定であり，800 ℃で固体炭素と H_2 ガスに分解した．メタンの分解は一定圧力（大気圧）下でガス分子数の増加を

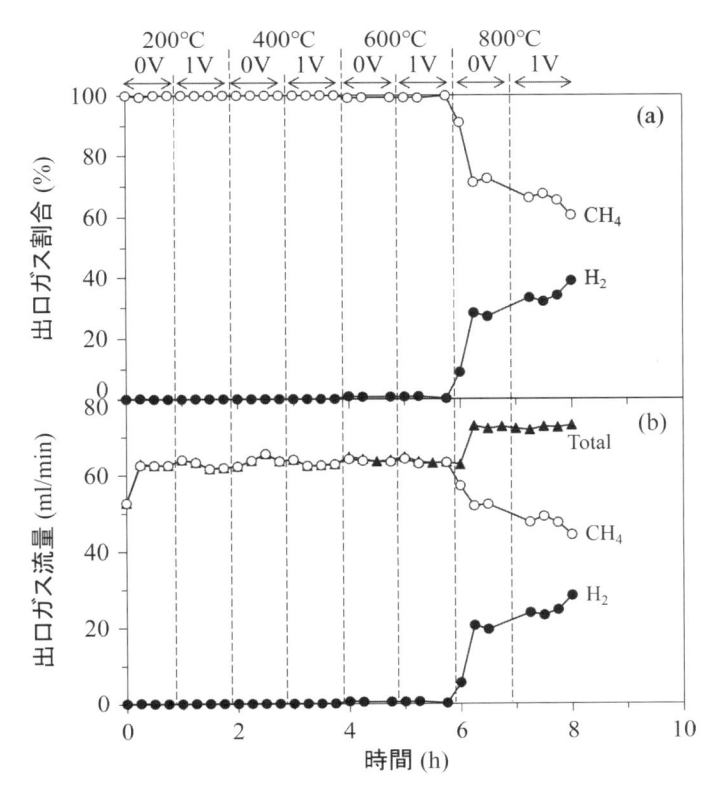

図 5-1　反応器セル 1 を用いた 200 〜 800 ℃におけるメタンの熱分解に伴う（a）出口ガス割合と（b）出口ガス流量

伴うため（CH$_4$ → C + 2H$_2$），出口ガス流量が増加した．この結果をアルミナ・シリカ系磁製管内でメタン熱分解を行った以前の研究 [16] と比較する．無触媒下ではメタン熱分解は 900 ℃以上の高温が必要であった．CH$_4$ は sp^3 混成軌道を形成し，共有結合が強いため，CH$_4$ の分解率は小さく 1000 ℃で 15 ％であった．一方，70 vol% Al$_2$O$_3$–30 vol% Ni からなる多孔質複合体にメタンを供給したとき，メタンの熱分解開始温度は劇的に低下し，425 ℃であった．700 〜 800 ℃では 90 ％の CH$_4$ が分解して，H$_2$ ガスと固体炭素を生成した．Ni 触媒は CH$_4$ の吸着・解離（CH$_4$ → CH$_{4-x}$ + xH）を低温で促進することが報告されている [17]．メタン分解の触媒活性は次の順に大きくなる．無触媒（分解温度 > 900 ℃）< Co（分解温度 > 800 ℃）< Ni（分解温度 > 425 ℃）．

1 V の電圧を印加したとき，セル 1 の電流密度は 0.228 A/cm^2 であった．この結果は，CH$_4$ ガスと GDC 電解質の酸素原子間の次式の相互作用により説明される．ここで，O$_O^x$(GDC)，は GDC の中性の格子酸素，V$_O^{\bullet\bullet}$ は正に帯電した酸素格子の欠陥を表す．

カソード　2O$_O^x$(GDC) + 4e$^-$ → 2O^{2-} (5-7)

カソード　CH$_4$ → C + 2H$_2$ (5-3)

カソード及びアノード　2O$_O^x$(GDC) + 2H$_2$ → 2H$_2$O + 2V$_O^{\bullet\bullet}$ + 4e$^-$ (5-8)

カソード及びアノード　2V$_O^{\bullet\bullet}$ + 2O^{2-} → 2O$_O^x$(GDC) (5-9)

全反応　CH$_4$ + 2O$_O^x$(GDC) → C(cathode) + 2H$_2$O (5-10)

測定された電流はカソード側からアノード側への酸化物イオンの流束（(5-7) 式と (5-9) 式）と GDC 混合導電体の電子導電性による漏れ電流を反映している．(5-7) – (5-9) 式の全反応は CH$_4$ ガスと GDC 電解質の格子酸素との反応による固体炭素と水蒸気の生成を示す（(5-10) 式）．

5.3.2　Co–GDC を両電極に有する電気化学反応器（セル 1）を用いた 二酸化炭素による実バイオガスのドライリフォーミング

図 5-2 は Co–GDC を両電極に有する電気化学反応器（セル 1）を用いた二酸化炭素による実バイオガスのメタンのドライリフォーミングにともなう出口ガスの割合と流量を示す．供給したガスの CH$_4$ と CO$_2$ のモル比は CH$_4$/CO$_2$ = 1/1 であった．反応器の温度は 200 〜 800 ℃であり，印加電圧は 0 V または 1 V であった．H$_2$ と CO ガスの生成が 600 ℃以上で測定された．H$_2$ と CO の出

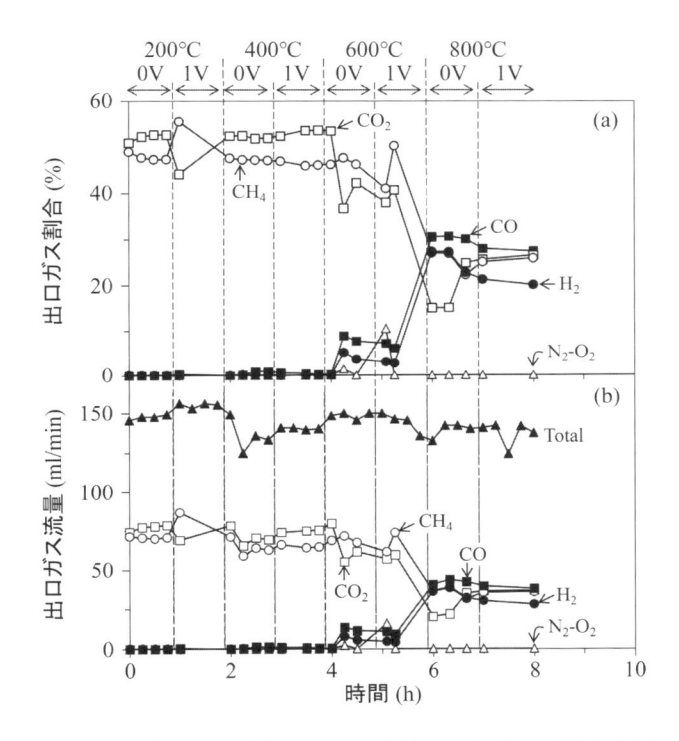

図5-2　反応器セル1を用いた 200 ～ 800 ℃における実バイオガスの
　　　　CO_2 ドライリフォーミング（50 % CH_4–50 % CO_2）に伴う（a）
　　　　出口ガス割合と（b）出口ガス流量

口ガス割合は 600 ℃でそれぞれ 2.8 ～ 5.2 % と 6.2 ～ 9.0 % であり，800 ℃でそ
れぞれ 20.1 ～ 27.3 % と 27.4 ～ 30.6 % に増加した．各ガスの流量は各温度でほ
ぼ一定であった．1 V の電圧印加で 0.197 A/cm^2 の電流が流れた．しかしなが
ら，印加電圧は H_2 と CO ガスの割合と流量に影響を及ぼさなかった．図 5-1
のメタン熱分解の結果と比較すると，600 ℃，0 V のとき，CH_4 への CO_2 の添
加は CH_4 の分解を促進し，H_2 と CO ガスが生成した．同様の結果が，70 vol%
Al_2O_3–30 vol% Ni からなる多孔質複合体上での模擬バイオガス（50 % CH_4–50
% CO_2）のドライリフォーミングにおいて得られた [18]．Ni 触媒上では模擬バ
イオガスのドライリフォーミング反応が 500 ℃以上で進行し，H_2–CO 混合燃
料を生成した．Co 触媒でも類似の反応が起こり，ドライリフォーミングが促

進される.

印加電圧 1 V のときの H_2 と CO の生成機構として以下の反応が考えられる.

カソード $Co + CO_2 \rightarrow CoO + CO$ (5-11)

$\qquad CoO + 2e^- \rightarrow Co + O^{2-}$ (5-12)

アノード $Co + O^{2-} \rightarrow CoO + 2e^-$ (5-13)

$\qquad CoO + CH_4 \rightarrow Co + CO + 2H_2$ (5-14)

全反応 $\quad CH_4 + CO_2 \rightarrow 2CO + 2H_2$ (5-2)

上記の反応過程は,カソードでの CO_2 ガスと Co 触媒の相互作用及びアノードでの CH_4 ガスと Co 触媒の相互作用を示す.一方で,0 V のとき H_2–CO 混合燃料は(5-12)式と(5-13)式の反応過程が省略された反応で生成し,(5-11)式と(5-14)式を組み合わせたドライリフォーミング反応((5-2)式)がカソードもしくはアノード内の Co 触媒上で進行する.

我々は最近の研究で GDC 電解質,Ni カソード,Ru アノードを有する多孔質電気化学反応器を用いて二酸化炭素による実バイオガスの電気化学的改質を実証した [12].ドライリフォーミング反応は 800 ℃ で熱力学的に進行した((5-11)式と(5-14)式を組み合わせた反応).電圧印加は NiO の還元((5-15)式)とカソードでわずかに析出した炭素の除去((5-6)式)に有効である.

$NiO + 2e^- \rightarrow Ni + O^{2-}$ (5-15)

$C + O^{2-} \rightarrow CO + 2e^-$ (5-6)

生成した CO ガスと電子((5-6)式)はアノード側へ輸送される.600 ℃ では,ファラデーの法則に従う電気化学的な H_2–CO 混合燃料の生成が認められた((5-11)–(5-14)式を組み合わせた反応).図 5-2 は 600 ～ 800 ℃ で印加電圧が出口ガス割合と流量に影響を及ぼさないことを示す.この結果は 600 ～ 800 ℃ の Co 触媒上でのバイオガスのドライリフォーミングが主に熱力学的な化学反応で進行したことを示す.

図 5-3 は 200 ～ 800 ℃ の 8 時間のバイオガスのドライリフォーミング後の Co–GDC カソードの微構造と元素分布を示す.図 5-3(b)に示すように少量の炭素の析出が観測された.炭素の分布は金属 Co と GDC 電解質の分布と重なっており,金属 Co 上の CH_4 の熱分解((5-3)式)と CH_4 と GDC の格子酸素との相互作用による炭素と水蒸気の生成((5-10)式)を示唆する.この競争

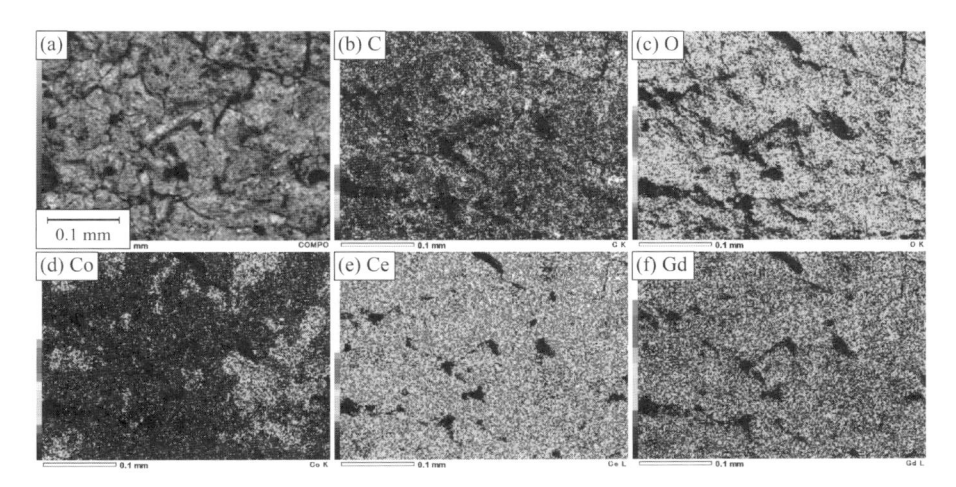

図 5-3　200 ～ 800 ℃で 8 時間のバイオガスドライリフォーミング後の Co–GDC カソード（セル 1）の（a）
微構造と（b － f）元素分布（（b）C,（c）O,（d）Co,（e）Ce,（f）Gd）

　反応がバイオガスのドライリフォーミング（（5-2）式）と共に進行する．また，
Co–GDC アノードと GDC 電解質で検出された炭素量はカソードに比べて非常
に少なかった．この結果はカソード内の金属 Co が供給された CO_2 と CH_4 の
いずれとも相互作用することを示す．

5.3.3　GDC 電解質，Ni–GDC カソード，Co–GDC アノードからなる
　　　電気化学反応器（セル 2）を用いた二酸化炭素による実バイオガスの
　　　ドライリフォーミング

　図 5-4 は GDC 電解質，Ni–GDC カソード，Co–GDC アノードからなる電気化
学反応器（セル 2）を用いた二酸化炭素による実バイオガスのドライリフォー
ミングの出口ガスの割合と流量及び電流密度を示す．反応器の温度は 600 ℃
であり，印加電圧は 0.5 V であった．H_2 と CO が連続的に 6 時間生成した．H_2
と CO の出口ガス割合はそれぞれ 7.7 ～ 31.5 % と 9.3 ～ 17.8 % であった．H_2/
CO の体積比は改質開始から 2 時間後に 1 に近づいた．CH_4 と CO_2 の化学量論
的な反応（（5-2）式）が進行したことを示している．全ガス流量は 60 ml/min
で 6 時間ほぼ一定であったが，H_2 と CO の流量は改質時間にともない徐々に
減少した．H_2-CO 混合燃料の生成速度の低下が GDC 電解質，Ni–GDC カソー

ド，Ru–GDC アノードを有する電気化学反応器においても 700 ℃で観測された [12]．反応器の温度を 700 ℃もしくは 600 ℃に低下させると H_2 と CO の生成速度は低下した [12]．この結果は競争反応であるメタン熱分解（(5-3) 式）と CO 不均化反応（(5-16) 式）による Ni カソード上の緩やかな炭素析出と関係づけられる．

$$CH_4 \rightarrow C + 2H_2 \tag{5-3}$$
$$2CO \rightarrow C + CO_2 \tag{5-16}$$

これらの競争反応の抑制が，バイオガスドライリフォーミングに使用する電気化学反応器の長期運転の重要課題である．6 時間以上の改質で起きるガス流量と電流密度の急速な減少は電気化学反応器内の炭素析出に関係すると考えられる．

図 5-5 は 800 ℃での実バイオガスのドライリフォーミングで測定された出口ガスの割合と流量及び電流密度を示す．改質温度を 800 ℃に増加させると H_2 と CO の出口ガス割合はそれぞれ 37.6 〜 46.7 ％と 38.4 〜 42.6 ％に増加した．H_2 と CO の割合は 28 時間にわたり安定しており，H_2/CO の体積比はほぼ 1 であった．この結果は CH_4 と CO_2 のドライリフォーミング反応が化学量論的に進行したことを示す．図 5-5（b）の出口ガス流量は改質開始の 61.4 ml/min から 28 時間後の 5.9 ml/min まで徐々に低下した．電流密度は改質開始の 1.74 A/cm^2 から急速に低下し，5 時間後に

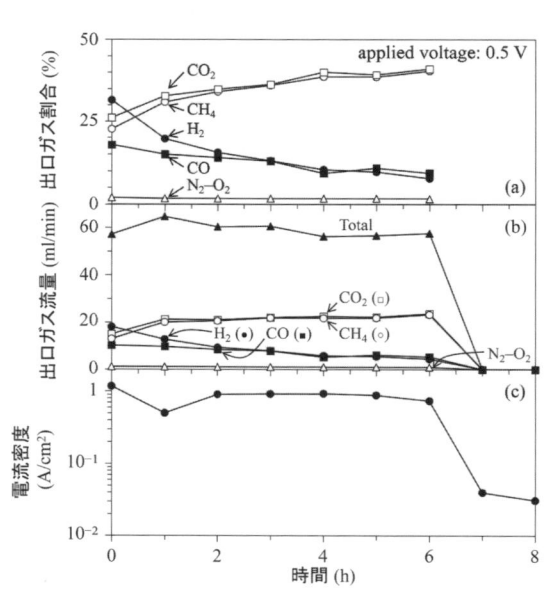

図 5-4 反応器セル 2 を用いた 600 ℃での実バイオガスのドライリフォーミング（50% CH_4–50% CO_2）における（a）出口ガス割合，（b）出口ガス流量，及び（c）電流密度

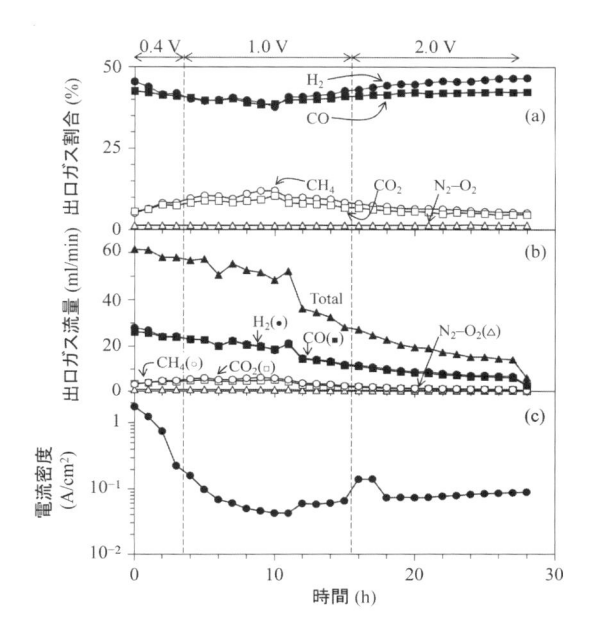

図 5-5　反応器セル 2 を用いた 800 ℃の実バイオガスのドライリフォーミング（50% CH₄–50% CO₂）における（a）出口ガス割合，（b）出口ガス流量，及び（c）電流密度

0.10 A/cm² になった．その後は 0.05 ～ 0.1 A/cm² でほぼ一定であった．H₂ と CO の出口ガス流量及び電流密度は印加電圧の増加により回復しなかった．

図 5-6 は 800 ℃で 28 時間のバイオガスドライリフォーミング後の Ni–GDC カソードの元素分布を示す．炭素析出がカソードの表面及び内部で観測された．この炭素析出が図 5-5（b）のガス流量の緩やかな減少をもたらした．温度の上昇はドライリフォーミング反応とメタン熱分解（(5-3) 式）のいず

れの反応も促進する．また，電圧印加により CO 不均化反応（(5-16) 式）が促進される（カソード反応：CO + 2e⁻ → C + O²⁻，アノード反応：CO + O²⁻ → CO₂ + 2e⁻）．印加電圧は O²⁻イオンによる析出炭素の除去（(5-6) 式）に寄与すると同時に，CO 不均化反応（(5-16) 式）を促進する．競争反応を制御することが H₂–CO 燃料の生成速度を高めるために重要である．

図 5-7 は 600 ℃と 800 ℃の水素生成速度の実測値と計算値の比較である．計算はファラデーの法則に基づき（5-17）式で行った．

$$f(\mathrm{H_2}) = \frac{IRT_0}{FP_0} \tag{5-17}$$

ここで，I は電流，R は気体定数，T_0 は室温，F はファラデー定数，P_0 は大気圧（1 atm, 1.013 × 10⁵ Pa）である．600 ℃では，水素生成速度の計算値は改質初期において実測値の約半分であり，その後実測値に近づいた．800 ℃では，

図 5-6 800 ℃で 28 時間，バイオガスドライリフォーミングを行った後の Ni–GDC カソード（セル 2）の（a）微構造と（b − f）元素分布（（b）C，（c）O，（d）Ni，（e）Ce，（f）Gd）

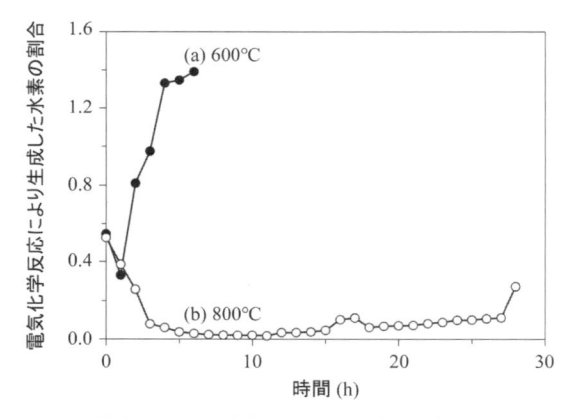

図 5-7 （a）600 ℃と（b）800 ℃でのバイオガスドライリフォーミングで測定された生成水素ガスの流量とファラデーの法則で計算した水素生成速度との比

水素生成速度の計算値と実測値の比（水素生成に対する電気化学反応の寄与）は改質初期において約 0.5 であり，28 時間後の 0.1 以下まで緩やかに低下した．ドライリフォーミングは 600 ℃で主に電気化学反応を通して進行し，800 ℃では化学反応で進行した．析出炭素は上記の水素生成過程を緩やかに妨害する．

5.3.4 空気添加がバイオガスドライリフォーミングに及ぼす影響（セル 2）

　図 5-8 はバイオガスのドライリフォーミングにおいて，バイオガスへの空気添加が出口ガスの割合と流量及び電流密度に及ぼす影響を示す．GDC 電解質，

表 5-1　800 ℃で 2 時間，バイオガスを空気で改質した後の出口ガス組成の実測値と計算値の比較（セル 2，図 5-8 参照）

	体積割合 (%)				モル比	
	CO_2	H_2	CO	N_2+O_2	H_2/CO	$(N_2+O_2)/CO$
実験値	2.7	42.4	32.6	22.3	1.301	0.684
計算(5-18)式	0	36.1	29.3	34.5	1.231	1.181
計算(5-19)式	9.5	37.8	21.2	31.5	1.779	1.484
計算(5-20)式	0	31.3	33.9	34.8	0.922	1.027

Ni–GDC カソード，Co–GDC アノードからなる電気化学反応器（セル 2）を用いた．反応器の温度は 600 ℃と 800 ℃であった．出口ガス割合と流量は各実験条件下，それぞれ 2 時間にわたり安定していた．800 ℃，0.3 ～ 1.0 V で二酸化炭素によるバイオガスのドライリフォーミングでは，H_2/CO = 1/1 体積比の混合燃料が出口ガス割合の 80 % を超えて生成した．バイオガス（40 ml/min）と空気（50 ml/min）を混合したときの化学組成は $3CH_4$ + $1.875CO_2$ + $1.314O_2$ + $5.005N_2$ である．CH_4 ガスはバイオガスに含まれる CO_2 ガス及び混合した空気中の O_2 ガスと反応する．800 ℃での改質ガスの組成は 3.1 ～ 6.3 % CH_4，2.7 ～ 5.0 % CO_2，36.8 ～ 41.1 % H_2，28.8 ～ 31.6 % CO，21.6 ～ 23.1 % N_2–O_2 であった．使用したガスクロマトグラフ装置では，O_2 と N_2 の分離は困難であった．供給したガスの化学組成から考えられる改質反応を（5-18）–（5-20）式に示す．

$3CH_4$ + $1.875CO_2$ + $1.314O_2$ + $5.005N_2$

$$= 4.875CO + 6H_2 + 0.7515O_2 + 5.005N_2 \qquad (5\text{-}18)$$

$$= 3.372CO + 1.503CO_2 + 6H_2 + 5.005N_2 \qquad (5\text{-}19)$$

$$= 4.875CO + 4.497H_2 + 5.005N_2 + 1.503H_2O \qquad (5\text{-}20)$$

（5-18）式は CO_2 が優先的に反応し，（5-19）式は残存する O_2 と CO が反応することを示している．（5-20）式では，さらに H_2 の一部が CO_2 と反応する．空気を添加したドライリフォーミングを 800 ℃で 2 時間行ったときの出口ガスの割合と上記の計算値を表 5-1 で比較する．実際はわずかに未反応の CH_4 が含まれるが，それを除外して CO_2 割合，H_2/CO モル比，（N_2 + O_2）/CO モル比の測定値を表 5-1 に示した．これらの測定値は（5-18）式の計算値と最もよく一致した．この分析結果から次の 2 つのことが言える．（1）バイオガス中の CH_4

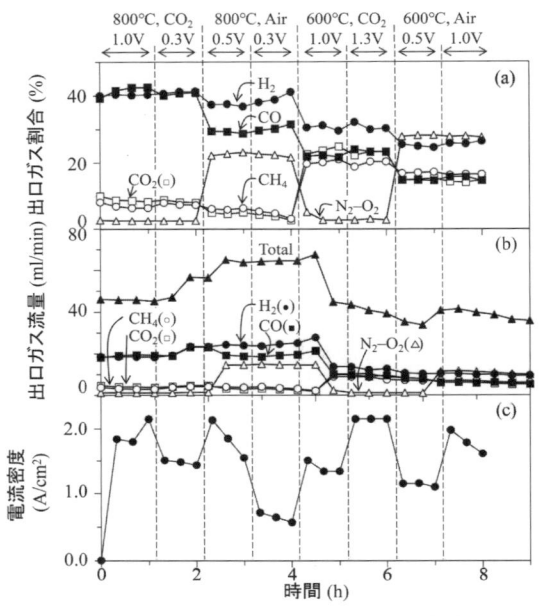

図 5-8 反応器セル 2 を用いた 600 ～ 800 ℃での実バイオガスのドライリフォーミングに及ぼす O_2 添加の影響（（a）出口ガス割合，（b）出口ガス流量，（c）電流密度）

はバイオガスに含まれる CO_2 と空気由来の O_2 の両者により改質される．（2）生成した CO と H_2 は残留する O_2 により酸化されない．図 5-8 の測定結果と表 5-1 の出口ガス割合の分析結果は，バイオガスの改質に空気が利用できることを示している．温度を 600 ℃に低下させても H_2–CO 混合燃料の出口ガス割合と流量は比較的に高い値を示した．図 5-8（c）に示すように，この反応器の電流密度は印加電圧に対して良い応答を示した．

これは図 5-5（c）の測定結果と異なる．これは図 5-8 の反応器内で炭素析出が抑制されたことを示す．供給された空気による析出炭素の酸化（2C + O_2 → 2CO（5-21））による除去が考えられる．供給された酸素分子はバイオガスの改質と析出炭素の酸化に利用される．析出炭素の除去が金属触媒の高い活性を維持することに貢献している．

5.3.5 多孔質 GDC 電解質を有する電気化学反応器の改質効率の比較

二酸化炭素もしくは酸素を利用した実バイオガスのドライリフォーミングでは，CH_4 から H_2–CO 混合燃料への高い変換率及び長期運転のための高い耐久性が電気化学反応器に求められる．先に議論したように，電極内の金属触媒と CH_4 の相互作用が CH_4 を分解させ，固体炭素を生成させる．これが反応器の耐久性に大きく影響する．CH_4 の分解に対する弱い触媒活性が，特にカソードにおいて重要である．一方で，改質反応は 800 ℃ではカソードの金属触媒上で化学反応を通して進行し，600 ℃では両電極の金属触媒上で電気化学的に進行

する．低温での改質効率はカソードでのCO₂ガスと金属触媒の相互作用及びアノードでのCH₄ガスと金属触媒の相互作用に依存する．

表5-2に50% CH₄-50% CO₂混合ガスのドライリフォーミングのH₂とCOの生成速度の比較効率の気化学反応器間の比較を示す．炭素析出による反応器の劣化の影響の小さい改質開始から2時間の範囲で生成速度の比較を行った．出口ガスの流量はCH₄-CO₂混合ガスの供給速度，電極反応速度，反応器の細孔径分布，改質効率を評価するために，H₂とCOの生成速度に依存する．出口ガス流量度は50 ml/minの出口ガス流量で規格化された．アノードの金属Ni（セルA）は印加電圧下でドライリフォーミングよりもメタン熱分解を促進した．600℃でのH₂の生成速度はセルC＜セル1＜セルB＜セル2の順に大きくなった．800℃でのH₂の生成速度はセル1＜セル2＜セルC＜セルBの順に大きくなった．600℃に比べて800℃では生成速度の反応器間の差は小さくなった．すなわち，Co

表5-2　50% CH₄-50% CO₂混合ガスのドライリフォーミングの水素生成速度（f(H₂)）とCO生成速度（f(CO)）に及ぼす電極触媒の影響

反応器	カソード	アノード	電極面積 (cm³)	反応温度 (℃)	CH₄-CO₂混合ガス供給速度及びCH₄のCO転化率 (ml/min)	出口ガス流量 (ml/min)	f(H₂) (ml/min)	f(CO) (ml/min)	規格化された生成速度 H₂ (ml·H₂ or CO/(min·cm³))	CO	備考	引用文献
No.2	Ni	Co	0.613	600	50	25	33.7-67.4 / 102-217	7.8-21.3	0.20-0.55	0.16-0.43	本研究	
				800	50	25	45.1-56.6	18.1-23.1	0.36-0.47	0.36-0.46	本研究	
No.C	Ni	Ru	0.637	600	50	25	34.6-35.0	1.3-14	0.026-0.028	0.0080	・実ガスサンプル使用 ・700℃で失活あり ・800℃で完全失活あり	[12]
				700	50	25	39.1-39.9	12.0-13.6 / 8.4-10.8	0.17-0.22	0.24-0.27		
				800	50	25		21.2-26.3	0.42-0.53	0.040-0.51		
No.1	Co	Co	0.633	400	100	50	125.0-149.2	0.0-1.3	0.0-0.0030	-0.0013	本研究	
				600	100	50	145.6-150.0	4.1-7.8	0.041-0.078	0.090-0.13		
				800	100	50	132.7-142	27.1-38.7	0.28-0.39	0.38-0.44		
No.B	Ru	Ru	0.664	400	50	25	52.1-53.2	0.5-1.1 / 0.5-0.9	0.010-0.022	0.010-0.018	[8]	
				500	50	25	55.1-56.7	33.4-42 / 33.4-40	0.066-0.080	0.066-0.086		
				600	50	25	60.4-62.7	1.1 / 9.4-12.5	0.19-0.22	0.19-0.25		
				700	50	25	73.5-83.0	19.7-23.6	0.39-0.47	0.40-0.44		
				800	50	25	84.5-91.7	28.0-35.4	0.53-0.61	0.56-0.71		
No.A	Ni	Ni	0.483	400	50	25	52.4-53.9	0.0-1.6 / 0.6-1.6	0.012-0.032	0.02-0.0032	・炭素析出によるコーク堆積 ・500℃，100分の運転で失活	[8]
				500	50	25	24.5-57.0	1.2-5.5 / 1.2-5.0	0.024-0.11	0.024-0.10		

触媒はセルBもしくはセルCのアノードのRu触媒の代替材料となり得る．

5.4　バイオガス改質実験のまとめ

　二酸化炭素もしくは酸素によるメタンのドライリフォーミングをCo触媒を有する次の2種類の多孔質電気化学反応器を用いて200〜800℃で調査した：Co-ガドリニウム固溶セリア（GDC）カソード／多孔質GDC電解質／Co-GDCアノード（セル1），Ni-GDCカソード／多孔質GDC電解質／Co-GDCアノード（セル2）．

（1）メタンの分解温度は次の触媒の順に増加した：Ni（425℃）＜Co（800℃）＜無触媒（900℃）．

（2）セル1と2でのドライリフォーミング（$CH_4 + CO_2 \rightarrow 2H_2 + 2CO$）は800℃で化学反応を通して熱力学的に進行した．600℃のセル2ではドライリフォーミングが電気化学的に進行した．

（3）バイオガスのドライリフォーミングでは，メタン熱分解とCO不均化反応による炭素析出（競争並列反応）が多孔質電気化学反応器の耐久性に大きな影響を及ぼす．

（4）空気中のO_2ガスを用いたバイオガスのドライリフォーミングでは析出炭素が供給空気によって酸化されるため，多孔質電気化学反応器の高い耐久性が維持される．

（5）カソードに金属Niを有する電気化学反応器（セル2）は高い水素生成速度を示した．600〜800℃のアノード内の金属Coの触媒活性は金属Ruと同等である．

参考文献

[1] Kechagiopoulos P N, Angeli S D, Lemonidou A A（2017）Low temperature steam reforming of methane: A combined isotopic and microkinetic study. Appl. Catal. B Environ. 205: 238–253

[2] Rostrup-Nielsen J R, Hansen J-H B（1993）CO_2-reforming of methane over transition metals. J. Catal. 144: 38–49

[3] Bradford M, Vannice M（1999）CO_2 reforming of CH_4. Catal. Rev. 41: 1–42

[4] Luna A E C, Iriarte M E（2008）, Carbon dioxide reforming of methane over a metal modified Ni-Al$_2$O$_3$ catalyst. Appl. Catal. A General 343: 10–15

[5] Bouarab R, Akdim O, Auroux A, Cherifi O, Mirodatos C（2004）Effect of MgO additive on catalytic properties of Co/SiO$_2$ in the dry reforming of methane. Appl. Catal. A General 264: 161–168

[6] Yang R, Xing C, Lv C, Shi L, Tsubaki N（2010）Promotional effect of La$_2$O$_3$ and CeO$_2$ on Ni/ γ -Al$_2$O$_3$ catalysts for CO$_2$ reforming of CH$_4$. Appl. Catal. A General 385: 92–100

[7] Hirata Y, Terasawa Y, Matsunaga N, Sameshima S（2009）Development of electrochemical cell with layered composite of the Gd-doped ceria/electronic conductor system for generation of H$_2$–CO fuel through oxidation–reduction of CH$_4$–CO$_2$ mixed gases. Ceram. Inter. 35: 2023–2028

[8] Matayoshi S, Hirata Y, Sameshima S, Matsunaga N, Terasawa Y（2009）Electrochemical reforming of CH$_4$–CO$_2$ gas using porous Gd-doped ceria electrolyte with Ni and Ru electrodes. J. Ceram. Soc. Japan 117: 1147–1152

[9] Ando M, Hirata Y, Sameshima S, Matsunaga N（2011）Electrochemical reforming of CH$_4$-CO$_2$ mixed gas using porous yttria-stabilized zirconia cell. J. Ceram. Soc. Japan 119: 794–800

[10] Hirata Y, Matsunaga N, Sameshima S（2011）Reforming of biogas using electrochemical cell. J. Ceram. Soc. Japan 119: 763–769

[11] Suga Y, Yoshinaga R, Matsunaga N, Hirata Y, Sameshima S（2012）Electrochemical reforming of CH$_4$–CO$_2$ mixed gas using porous Gd-doped ceria electrolyte with Cu electrode. Ceram. Inter. 38: 6713–6721

[12] Hirata Y, Shimonosono T, Ueda K, Sameshima S, Yamaji K（2017）Hydrogen formation from a real biogas using electrochemical cell with gadolinium-doped ceria electrolyte. Ceram. Inter. 43: 3639–3646

[13] Shimonosonoa T, Hirata Y, Changgan M, Kamei S, Tokaiya R, Sameshima S, Yoshidome T, Yamaji K（2018）Hydrogen production through dry reforming of biogas using a porous electrochemical cell: effects of a cobalt catalyst in the electrode and mixing of air with biogas. Ceram. Inter. 44: 8904-8912

[14] Higashi K, Sonoda K, Ono H, Sameshima S, Hirata Y（1999）Synthesis and sintering of rare-earth-doped ceria powder by the oxalate coprecipitation method. J. Mater. Res. 14: 957–967

[15] Sameshima S, Ono H, Higashi K, Sonoda K, Hirata Y（2000）Microstructure of rare-earth-doped ceria prepared by oxalate coprecipitation method. J. Ceram. Soc. Japan 108: 985–988

[16] Sameshima S, Hirata Y, Hamasaki K, Ohshige H, Matsunaga N（2009）Synthesis of hydrogen–carbon monoxide fuel from methane–carbon dioxide mixed gases. J. Ceram. Soc. Japan 117: 630–634

[17] Cui Y, Zhang H, Xu H, Li W（2007）Kinetic study of the catalytic reforming of CH_4 with CO_2 to syngas over Ni/ a -Al$_2$O$_3$ catalyst: The effect of temperature on the reforming mechanism. Appl. Catal. A General 318: 79–88

[18] Sameshima S, Hirata Y, Sato J, Matsunaga N（2008）Synthesis of hydrogen and carbon monoxide from methane and carbon dioxide over Ni–Al$_2$O$_3$ catalyst. J. Ceram Soc. Japan 116: 374–379

6 バイオガス由来の CO を用いる水蒸気分解による水素合成

6.1 研究の背景

　図 6-1（a）と（b）は多孔質 GDC セルを用いた CH_4-CO_2 混合ガスの改質，及び CO-H_2O 混合ガスのシフト反応の反応機構をそれぞれ示している．図 6-1（a）に示されるように，（6-1）式のカソード反応は，カソード内金属（M）の触媒反応を表す（6-2）式と（6-3）式からなる．（6-4）式のアノード反応は，アノードの触媒反応を表す（6-5）式と（6-6）式からなる．（6-1）式と（6-4）式の全反応は（6-7）式で表され，CH_4 の CO_2 による改質反応を示している．前節で示した通り [1–4]，この電気化学反応器を使用した改質システムは 800 ℃で大量の H_2-CO 混合燃料を製造する能力がある．

　CH_4 の CO_2 改質後に起こる CO の H_2O によるシフト反応を図 6-1（b）に示す．カソード反応で，H_2O ガスは（6-9）式と（6-10）式で表される金属の触媒反応を通して，電子と反応して H_2 と O^{2-} イオンを生成する．生成した O^{2-} イオン

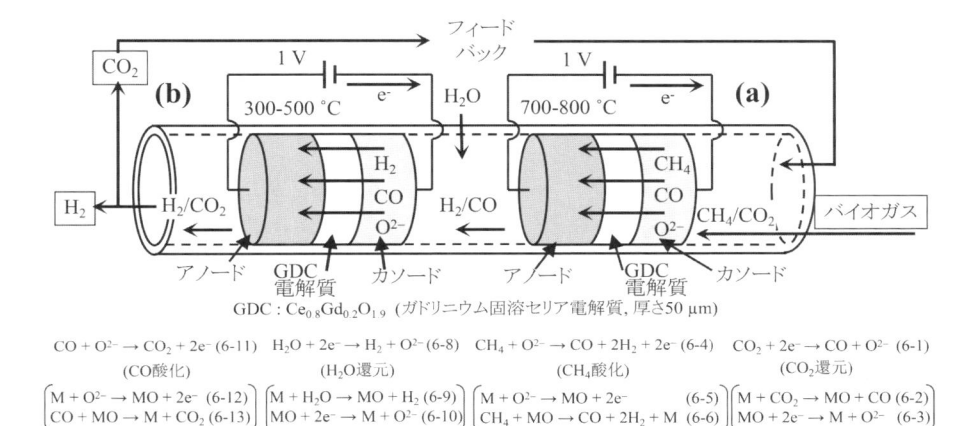

$CO + O^{2-} \rightarrow CO_2 + 2e^-$ (6-11)　$H_2O + 2e^- \rightarrow H_2 + O^{2-}$ (6-8)　$CH_4 + O^{2-} \rightarrow CO + 2H_2 + 2e^-$ (6-4)　$CO_2 + 2e^- \rightarrow CO + O^{2-}$ (6-1)

(CO酸化)　　　　　　　　(H₂O還元)　　　　　　　　　(CH₄酸化)　　　　　　　　(CO₂還元)

$\begin{bmatrix} M + O^{2-} \rightarrow MO + 2e^- & (6\text{-}12) \\ CO + MO \rightarrow M + CO_2 & (6\text{-}13) \end{bmatrix}$　$\begin{bmatrix} M + H_2O \rightarrow MO + H_2 & (6\text{-}9) \\ MO + 2e^- \rightarrow M + O^{2-} & (6\text{-}10) \end{bmatrix}$　$\begin{bmatrix} M + O^{2-} \rightarrow MO + 2e^- & (6\text{-}5) \\ CH_4 + MO \rightarrow CO + 2H_2 + M & (6\text{-}6) \end{bmatrix}$　$\begin{bmatrix} M + CO_2 \rightarrow MO + CO & (6\text{-}2) \\ MO + 2e^- \rightarrow M + O^{2-} & (6\text{-}3) \end{bmatrix}$

(6-8) + (6-11)　$CO + H_2O \rightarrow CO_2 + H_2$ (6-14)　　　　(6-1) + (6-4)　$CH_4 + CO_2 \rightarrow 2H_2 + 2CO$ (6-7)

全反応 (6-7) + (6-14) $CH_4 + CO_2 + 2H_2O \rightarrow 4H_2 + 2CO_2$ (6-15)

図6-1　金属触媒付き多孔質電気化学反応器を用いた CH_4-CO_2 混合ガスの改質反応（a），及び CO-H_2O 混合ガスのシフト反応（b）の反応機構

　と CO ガスは多孔質 GDC 層を通りアノードへ移動する．アノードで，CO ガスは（6-12）式と（6-13）式の触媒反応を通して，O^{2-} イオンと反応して CO_2 と電子を生成する．（6-8）式と（6-11）式を組み合わせると，（6-14）式のシフト反応となる．H_2 燃料から分離された CO_2 ガスは，再び CH_4 に富むバイオガスと混合される．バイオガスの改質反応（(6-7) 式）と CO の H_2O でのシフト反応（(6-14) 式）を組み合わせると，図6-1の（6-15）式で表される H_2–CO_2 混合ガスを生成する．本節では Co-GDC カソード電極及び Fe–GDC アノード電極を有する多孔質 GDC 反応器を使用したシフト反応の研究成果 [5] を紹介する．

6.2　実験方法

6.2.1　電気化学反応器の作製

　表6-1 は使用した電気化学反応器の構成成分を示す．反応器の電極は 30 vol% の金属（Fe, Co）と 70 vol% の GDC を含むように設計された．金属 – GDC 複合粉体の調製方法及び積層構造を有する電気化学反応器の作製方法の

カソード (厚さ、開気孔率)	電解質* (厚さ、開気孔率)	アノード (厚さ、開気孔率)
Co_3O_4-GDC (5 mm, 43%)	GDC (0.5 mm, 28%)	Fe_2O_3-GDC (5 mm, 41%)

＊GDC：ガドリニウム固溶セリア、$Ce_{0.8}Gd_{0.2}O_{1.9}$

詳細については，我々の以前の報告に記述される [1–4]．$Ce_{0.8}Gd_{0.2}O_{1.9}$ の組成を有する GDC 粉体は，シュウ酸塩共沈法で作製された（5 節参照）．Co–GDC カソード電極を 5 節と同様の方法で作製した．Fe–GDC アノード電極は，Fe（NO3）3 を 600 ℃，空気中，2 時間の熱分解で得られた Fe_2O_3 粉体を GDC 粉体と混合して作製した．カソード粉体，電解質粉体，アノード粉体を一軸加圧成形器内で積層し，80 MPa で加圧した．その後，成形体を 150 MPa で等方加圧し，800 ℃，空気中，2 時間で共焼結した．得られた電気化学反応器の生成相を X 線回折装置を用いて分析した．電極のかさ密度及び見かけ密度をアルキメデス法で測定した．

6.2.2　CO と H_2O のシフト反応

Pt 線を溶接した Pt メッシュを Pt ペーストを用いて電極の両側に接着した．電気化学反応器をアルミナホルダーに設置して，900 ℃ で 10 分間，ガラスリングを加熱することで封着した．800 ℃ に冷却した後に，3 vol% H_2O を含む H_2 ガスを 50 ml/min で 24 時間，カソード側へ供給して，酸化物を金属まで還元した（$Co_3O_4 + 4H_2 → 3Co + 4H_2O$, $Fe_2O_3 + 3H_2 → 2Fe + 3H_2O$）．その後，1 V の電圧をポテンショスタットを用いて印加した．10

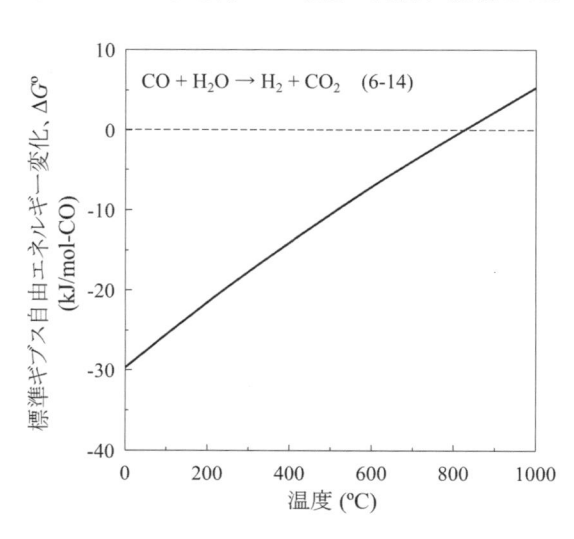

図 6-2　CO-H_2O ガスのシフト反応に対する標準ギブス自由エネルギー変化

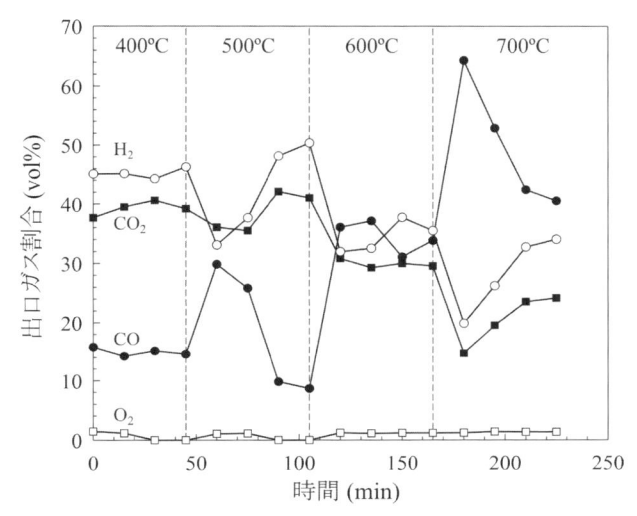

図 6-3　400 〜 700 ℃の多孔質電気化学反応器を通過した CO, H₂, CO₂, O₂ ガスの割合

vol% CO – 90 vol% Ar 混合ガスを 81.2 ml/min，水を 2.9 ml/h でカソード側へ供給した．この時，CO / H₂O のモル比は 1 / 7.35 である．出口ガスの組成は，活性炭（60/80 メッシュ）及び熱伝導度検出器を有するガスクロマトグラフィーを用いて 100 ℃で分析した．

6.3　結果と考察

　図 6-2 は (6-14) 式のシフト反応における標準ギブス自由エネルギー変化(ΔG°)の温度依存性を示す．ΔG° 値が負の値をとるとき，反応が自発的に進行することを意味する．すなわち，水素ガスの生成は 857 ℃以下で起きる．H_2O ガスの分解エネルギーを減少させるために，低温反応が好まれる．シフト反応において報告された触媒（Co-Mo-K/Al₂O₃, Ru/Fe₂O₃, Cu/ZnO/Al₂O₃, Au/CeO₂, Pt/CeO₂, Au/TiO₂）[4] は 200 〜 350 ℃の比較的低温で高い性能を示しており，図 6-2 に示す熱力学計算と一致する．

　図 6-3 は，体積比 CO / H₂O = 1/ 7.35 のガスを Co-GDC カソード及び Fe-GDC アノードを有する多孔質 GDC 電気化学反応器に 400 〜 700 ℃で供給したときの出口ガス組成を示す．H_2–CO_2 混合ガスが体積比 H_2 / CO_2 ≈ 1 で生成し

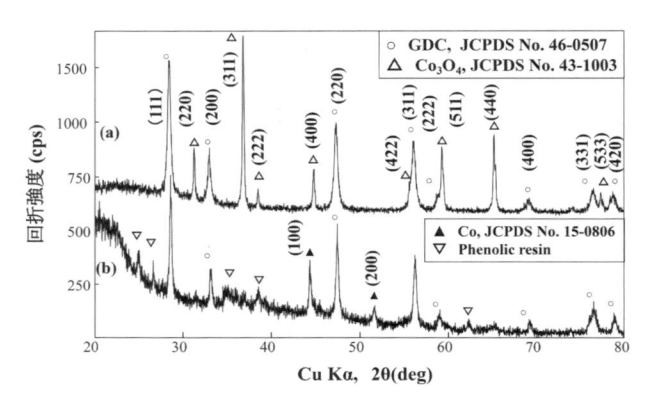

図6-4 （a）シフト反応前，及び（b）700 ℃でのシフト反応後のカソードのX線回折図

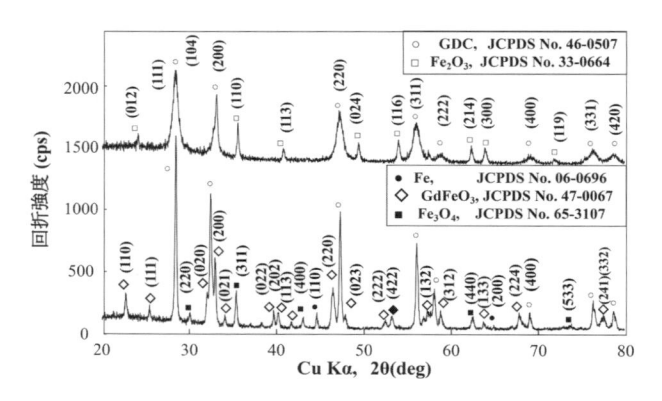

図6-5 （a）シフト反応前，及び（b）700 ℃でのシフト反応後のアノードのX線回折図

た．H_2燃料の割合は，より低温で比較的高い値を示した．これは，熱力学的計算による予想と一致する（図6-2）．幅広い温度範囲において生成するO_2ガスは少量であった．

　図6-4（a）及び（b）は，図6-3の700 ℃でのシフト反応前後のカソードにおけるX線回折パターンをそれぞれ示す．カソード電極の作製時に生成したCo_3O_4は，シフト反応実験後に金属Coに還元されていた．金属Coは，H_2燃料生成における触媒として働く．図6-5（a）及び（b）は，シフト反応前後の

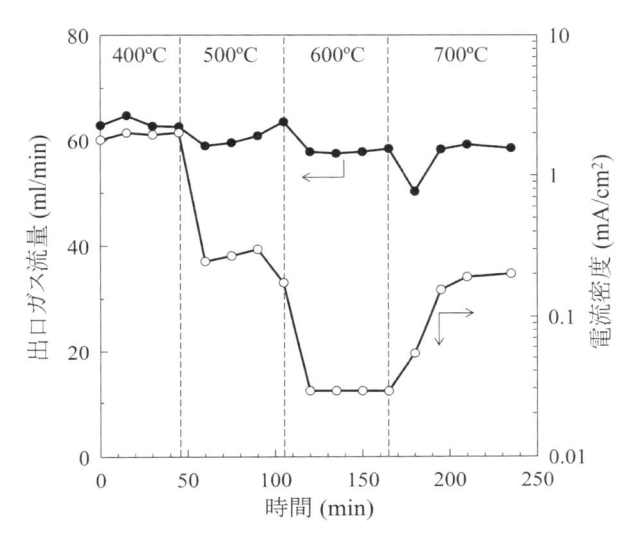

図 6-6　400 ～ 700 ℃，電場 0.95 V/cm での電気化学的シフト反応に
おける出口ガス流量と電流密度

アノードにおける X 線回折パターンを示す．Fe_2O_3 と GDC は 800 ℃の空気中
で反応することなく，化学的に安定であった．シフト反応後のアノードには，
Fe，Fe_3O_4，$GdFeO_3$，GDC の 4 相が認められた．

　図 6-3 及び 6-4 の結果に基づいて，（6-16）–（6-18）式にカソードで起こり得
る反応を示す．

$$カソード　Co + H_2O \rightarrow CoO + H_2 \tag{6-16}$$

$$CoO + 2e^- \rightarrow Co + O^{2-} \tag{6-17}$$

$$（6\text{-}16）+（6\text{-}17）　H_2O + 2e^- \rightarrow H_2 + O^{2-} \tag{6-18}$$

　Co は H_2O を還元するための触媒として働く．生成した H_2 燃料と O^{2-} イ
オン及び供給した CO ガスは多孔質 GDC 層を通りアノードへ移動する．Fe-
GDC アノードの生成相は，次の反応で説明される．

$$3Fe + 4O^{2-} \rightarrow Fe_3O_4 + 8e^- \tag{6-19}$$

$$Fe_3O_4 + CO \rightarrow 3FeO + CO_2 \tag{6-20}$$

$$3FeO + O^{2-} \rightarrow Fe_3O_4 + 2e^- \tag{6-21}$$

$$（6\text{-}20）+（6\text{-}21）　CO + O^{2-} \rightarrow CO_2 + 2e^- \tag{6-22}$$

Fe_3O_4 の Fe 原子価の変化（$Fe^{2+} \leftrightarrow Fe^{3+}$）は，（6-20）式と（6-21）式を通して CO ガスと O^{2-} イオン間の反応を促進する．CO ガスと O^{2-} イオンにおける別の触媒反応が，（6-24）式及び（6-25）式を通して $GdFeO_3$ 上で起こり得る．$GdFeO_3$ は（6-23）式で生成される．

$$2Fe + 10Ce_{0.8}Gd_{0.2}O_{1.9} + 3O^{2-} \rightarrow 2GdFeO_3 + 8CeO_2 + 6e^- \tag{6-23}$$

$$2GdFeO_3 + CO \rightarrow 2FeO \cdot Gd_2O_3 + CO_2 \tag{6-24}$$

$$2FeO \cdot Gd_2O_3 + O^{2-} \rightarrow 2GdFeO_3 + 2e^- \tag{6-25}$$

$$(6\text{-}24) + (6\text{-}25) \quad CO + O^{2-} \rightarrow CO_2 + 2e^- \tag{6-26}$$

　$GdFeO_3$ の Fe 原子価の変化は，同様に CO ガスと O^{2-} イオン間の高い反応性をもたらすと期待される．図 6-3 で示した少量の O_2 ガス生成は，アノードでの O^{2-} の放電と関係づけられる（（6-27）式）．

$$2O^{2-} \rightarrow O_2 + 4e^- \tag{6-27}$$

　図 6-6 は Co カソード，Fe アノードを有する多孔質 GDC セルを通りシフト反応中に流れる出口ガスの流量と電流密度を示す．安定したガス流量が $400 \sim 700\,℃$ の範囲で測定された．電流密度は，温度増加に伴い減少した．この結果は，低い電気伝導度を有する Fe_3O_4（$77\,℃$ で 10^2 $S \cdot cm^{-1}$ [6]）及び $GdFeO_3$（$280 \sim 560\,℃$ で 0.33 $S \cdot cm^{-1}$ [7]）が Fe アノード（$400\,℃$ で 2.3×10^4 $S \cdot cm^{-1}$ [8]）の酸化により生成したことを反映している可能性が高い（（6-19）式，（6-23）式）．一方で，$700\,℃$ での電流密度の増加は多孔質 GDC 電解質を通り移動する酸化物イオンの表面拡散係数の増加として解釈される．このことが，（6-21）式と（6-25）式の反応を促進した．

6.4　CO と H_2O のシフト反応のまとめ

　Co-GDC カソード/GDC 電解質/Fe-GDC アノード多孔質電気化学反応器を通して CO の H_2O での電気化学的シフト反応をモル比 CO / H_2O = 1 / 7.35 で行った．$400\,℃$ において 15 % CO-45 % H_2-40 % CO_2 の組成の H_2 に富む混合ガスを生成した．温度の減少に伴い CO の反応性は増加し，結果として H_2 及び CO_2 ガスの生成量が増加した．シフト反応後のカソード材料の Co の酸化は認められなかった．シフト反応後のアノード材料の Fe は酸化して Fe_3O_4 及び $GdFeO_3$ を生成していた．Fe_3O_4 及び $GdFeO_3$ の Fe の価数変化（$Fe^{2+} \leftrightarrow Fe^{3+}$）

が，CO の O^{2-} イオンによる酸化に対する触媒反応を促進した可能性がある（CO $+ O^{2-} \rightarrow CO_2 + 2e^-$）．

参考文献

[1] Hirata Y, Terasawa Y, Matsunaga N, Sameshima S（2009）Development of electrochemical cell with layered composite of the Gd-doped ceria / electronic conductor system for generation of H_2-CO fuel through oxidation-reduction of CH_4-CO_2 mixed gases. Ceram. Inter. 35: 2023–2028

[2] Matayoshi S, Hirata Y, Sameshima S, Matsunaga N, Terasawa Y（2009）Electrochemical reforming of CH_4-CO_2 gas using porous Gd-doped ceria electrolyte with Ni and Ru electrodes. J. Ceram. Soc. Japan 117（11）: 1147–1152

[3] Suga Y, Yoshinaga R, Matsunaga N, Hirata Y, Sameshima S（2012）Electrochemical reforming of CH_4-CO_2 mixed gas using Gd-doped ceria porous electrolyte with Cu electrode. Ceram. Inter. 38: 6713–6721

[4] Hirata Y, Matsunaga N, Sameshima S（2011）Reforming of biogas using electrochemical cell. J. Ceram. Soc. Japan 119（11）: 763–769

[5] Hirata Y, Kisanuki Y, Sameshima S, Shimonosono T（2014）Formation of hydrogen by electrochemical reaction of CO gas and H_2O vapor using porous Gd-doped ceria electrolyte cell. Ceram. Inter. 40: 10153–10157

[6] Kingery W D, Bowen H K, Uhlmann D R（1976）Introduction to Ceramics, 2nd ed., p. 867. John Wiley & Sons, New York

[7] Mousa M A（1987）Gamma-irradiation effects on the electrical conductivity of pure and Cu-doped Fe_3O_4 spinel. J. Radio. Nucl. Chem., Lett. 118（1）: 33–43

[8] The Japan Institute of Metals（Ed.）（1987）Metal Data Book, pp. 12–13. Maruzen, Tokyo

7　二酸化炭素及び一酸化炭素の固体炭素と酸素への分解

7.1　CO₂ 分解の研究背景

多孔質電気化学反応器を用いたメタンドライリフォーミング反応（5節）と

水性ガスシフト反応（6節）では，COがさらにCとO₂へ分解される現象は，当初，想定できなかった．また，CO₂がCとO₂に分解される知見も見出せなかった．一方，1999〜2001年に行われた新エネルギー・産業技術総合開発機構の「二酸化炭素の電気化学的固定化技術の開発」プログラム[1]では，非常に興味深い成果を報告している．CH₃OHを含む水溶液中にCO₂を吹き込み電解を行うと，H₂，CH₄，C₂H₄，C₂H₆，CO，HCOOCH₃等が生成する．しかし，CやO₂の生成は確認されていない．本節では，CO₂とCOの気相電解による固体炭素と酸素ガスへの分解[2,3]について紹介する．

7.2　CO₂ の電気化学的分解

8 mol%イットリア安定化ジルコニア電解質（YSZ, 8 mol%Y₂O₃– 92 mol%ZrO₂, 開気孔率56 %），Ni–YSZ カソード（開気孔率56 %），Ru–YSZ アノード（開気孔率63 %）からなる多孔質電気化学反応器を作製した．このセルを700 ℃に加熱して，H₂を50 ml/minで流して，電極中のNiOとRuO₂をそれぞれNiとRuへ還元した．その後，400〜800 ℃に加熱した反応器に外部より1 Vの電圧を印加して電流を流し，CO₂または10 % CO–90 % Arガスを3〜50 ml/minで供給した．図7-1は400〜800 ℃の反応器にCO₂を供給したときの出口ガスの流量を示す．実験は800 ℃焼結の反応器（A）と900 ℃焼結

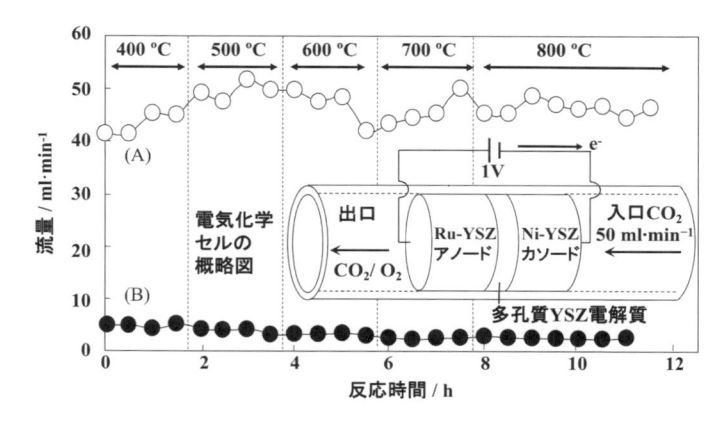

図7-1　CO₂分解中の出口ガス流量の時間依存性．実験は800 ℃焼結（実験A）
と900 ℃焼結（実験B）の電気化学セルを使って行われた

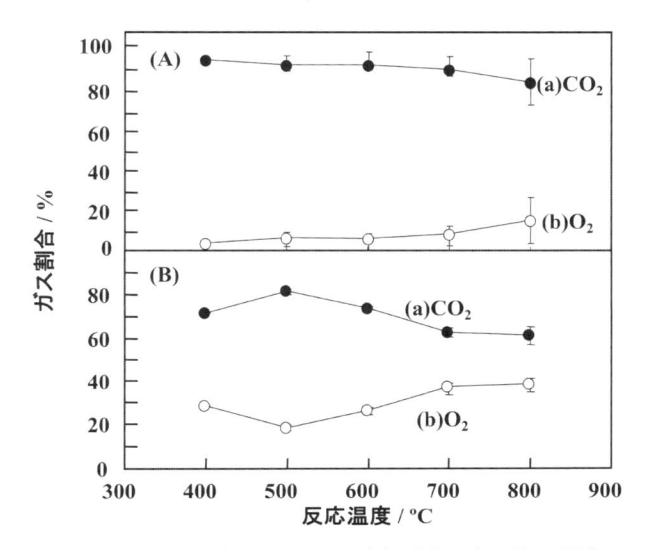

図 7-2　CO_2 分解中の多孔質 YSZ セル（A），（B）の出口ガスの組成

の反応器（B）の 2 つを用いて行った．生成ガスの流量に差はあるが，10 時間以上にわたりガス閉塞は認められなかった．図 7-2 に生成ガスの割合を示す．生成ガスは未反応の CO_2 と O_2 からなり，O_2 の割合は反応温度が高いほど高くなる傾向にある．反応器（A）の実験では 800 ℃では CO_2 73 〜 96 %（平均値 85 %），O_2 4 〜 27 %（平均値 15 %）の組成となった．反応器（B）の 800 ℃の実験では CO_2 61 %（平均値），O_2 39 %（平均値）の組成となった．生成ガスの流量が少ないとき，O_2 割合は増加する傾向にあった．CO_2 と O_2 以外のガスの生成は認められなかった．

図 7-3 は 800 ℃で実験した後の電極の生成相を示している．カソードでは YSZ，NiO，Pt が認められた．Pt は Ni-YSZ 電極に白金線を接着させるために用いた Pt ペーストによるものである．CO_2 の電気化学反応により Ni が NiO へ変化した．カソードを切断した内部の電極には Ni 金属も確認された．一方，アノードには YSZ，Ru，RuO_2 及び Pt の存在が確認された．CO_2 の分解中に Ru は RuO_2 に酸化されたことがわかる．図 7-4 に X 線マイクロアナライザーで分析したカソードの元素分布を示す．YSZ 及び NiO に含まれる Y, Zr, Ni, O の分布が確認された．Zr と Y の分布はほぼ一致しており，固溶体を形成していることがわかる．また，Ni と Zr の分布は一致せず，異なる相として存在している．非常に興味深い点は，明確な C の生成である．Ni の近傍に C は生成している．以上の実験結果を総合した CO_2 の分解反応機構を以下に示す．カ

ソードでは Ni を触媒として（7-1）–（7-3）式の反応が進行し，NiO，C 及びO^{2-}イオンが生成する（(7-4) 式）.

$$2Ni + 2CO_2 \rightarrow 2NiO + 2CO \tag{7-1}$$

$$2NiO + 4e^- \rightarrow 2Ni + 2O^{2-} \tag{7-2}$$

$$2Ni + 2CO \rightarrow 2NiO + 2C \tag{7-3}$$

$$(7\text{-}1) + (7\text{-}2) + (7\text{-}3)\ 2Ni + 2CO_2 + 4e^- \rightarrow 2NiO + 2C + 2O^{2-} \tag{7-4}$$

生成したO^{2-}イオンは多孔質の YSZ 電解質を経由してアノードへ輸送される．アノードでは（7-5），（7-6）式で示される 2 つの反応が進行する．両反応式は（7-7）式で示される．

$$xRu + 2xO^{2-} \rightarrow xRuO_2 + 4xe^- \tag{7-5}$$

$$2(1-x) O^{2-} \rightarrow (1-x) O_2 + 4(1-x) e^- \tag{7-6}$$

$$xRu + 2O^{2-} \rightarrow xRuO_2 + (1-x) O_2 + 4e^- \tag{7-7}$$

カソードとアノードの両反応式を加えたCO_2と電極の反応式は，（7-8）式で示される．

$$2CO_2 + 2Ni + xRu \rightarrow (1-x) O_2 + 2C + 2NiO + xRuO_2 \tag{7-8}$$

CO_2 は Ni 及び Ru と電気化学的に反応して O_2，C，NiO 及び RuO_2 を与える.

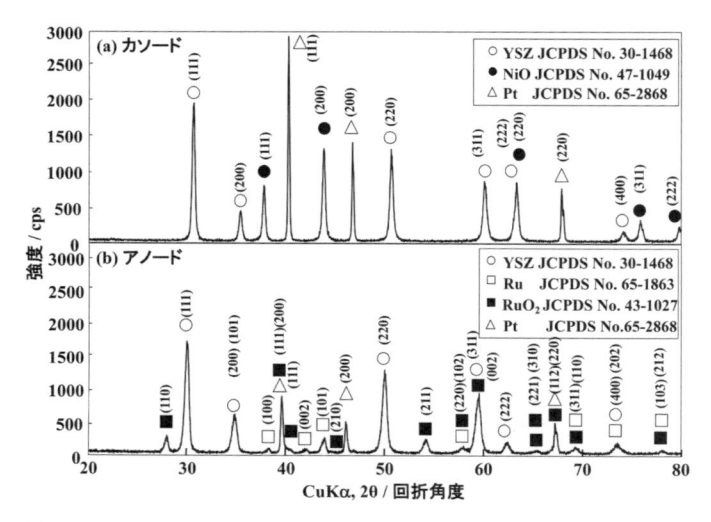

図 7-3　800 ℃での CO_2 分解実験後のセル A の（a）Ni-YSZ カソードと（b）Ru-YSZ アノードの X 線回折パターン

電解質

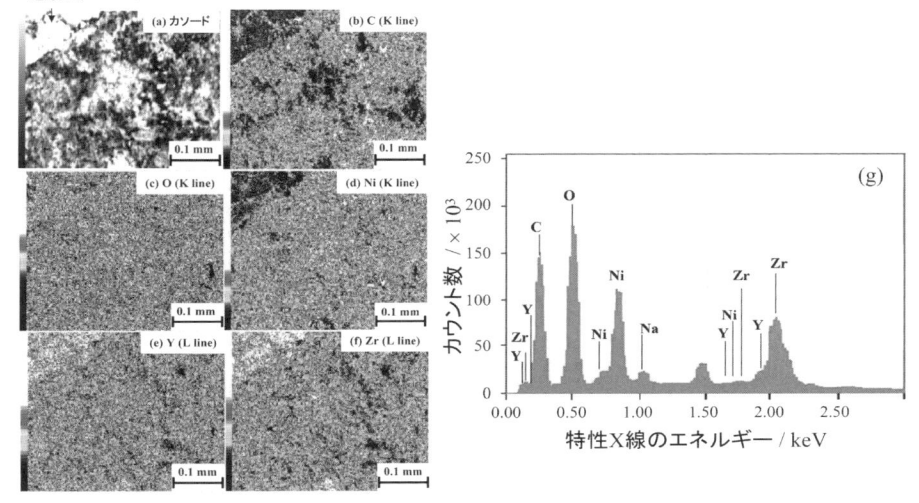

図7-4　(a) 800 ℃での CO_2 分解実験後の YSZ 電解質と Ni-YSZ カソードの境界の微構造. (b) C, (c) O, (d) Ni, (e) Y と (f) Zr の元素分布図及び (g) Ni-YSZ カソードのエネルギー分散 X 線スペクトル

(7-8) 式の x = 0 では $2CO_2 + 2Ni \rightarrow O_2 + 2C + 2NiO$ の反応が，また x = 1 では $2CO_2 + 2Ni + Ru \rightarrow 2C + 2NiO + RuO_2$ の反応が進行する．YSZ 電解質及び Ru–YSZ アノードについても X 線マイクロアナライザーで元素スペクトルを分析した．電解質及びアノードにも量は少ないが，C の析出が明瞭に認められた [1,2]．この C 析出については，次に示す CO の分解と関係している．

7.3　CO の電気化学的分解

CO_2 分解実験と同様の多孔質電気化学反応器に 10 % CO–90 % Ar ガスを供給した．CO ガスは 600 ℃以下では次の不均化反応により C と CO_2 へ分解する.
$$2CO \rightarrow C + CO_2 \tag{7-10}$$
反応器へ CO を供給したとき，低温では C の析出が予想される．そのため，CO ガスを 800 ℃の反応器に供給し，徐々にセルの温度を低下させた．800 ～ 400 ℃での 8 時間に及ぶ実験中に約 50 ml/min のガス流量の低下は認められなかった．図7-5 に生成ガスの割合を示す．生成ガスは CO, O_2, CO_2 からなる．800 ℃では O_2 が大量（67 ～ 80 %）に生成した．700 ℃以下では O_2 の生成量

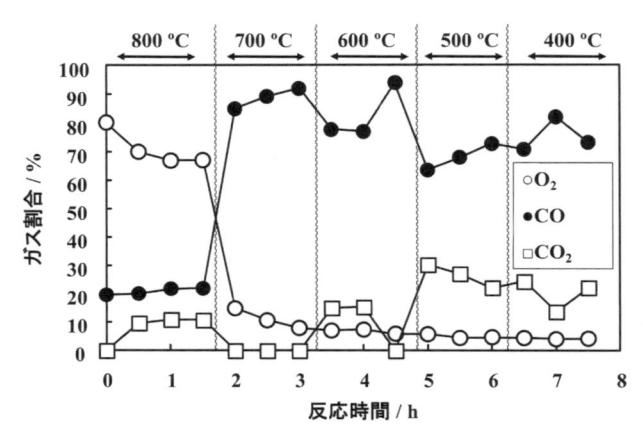

図 7-5 1 V·cm⁻¹ での CO 分解中に多孔質 YSZ 電解質を通過した出口ガスの割合

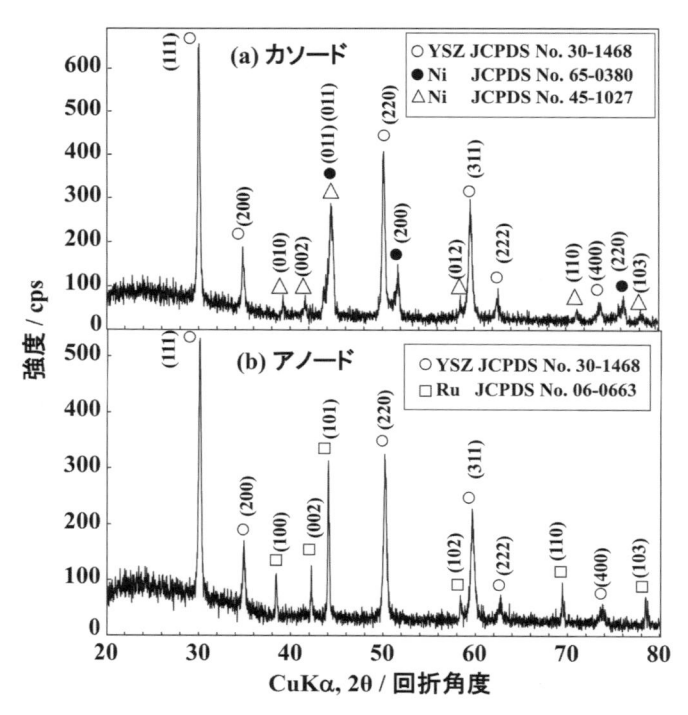

図 7-6 800 ～ 400 ℃での CO 分解実験後の（a）Ni-YSZ カソードと（b）Ru-YSZ アノードの X 線回折パターン

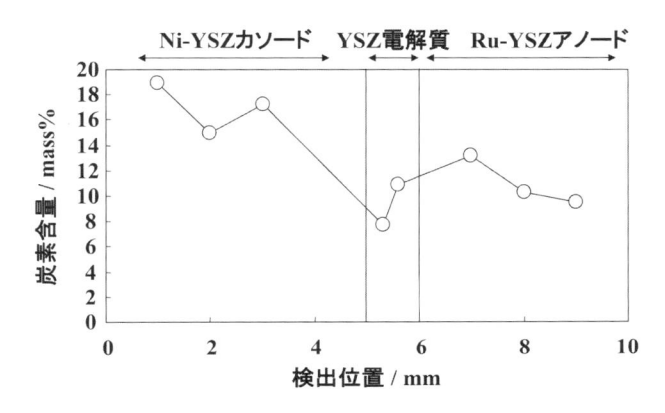

図 7-7　800 〜 400 ℃での CO 分解後の多孔質 YSZ セル中の炭素含量

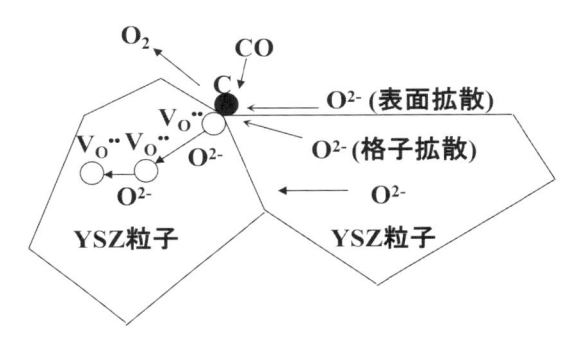

図 7-8　直流電場下，YSZ 粒子上での CO 分解機構と酸素空孔
-CO ガス - 拡散する O^{2-} イオン系間の相互作用の概略図

は減少し，CO_2 の生成量が増加する傾向にある．

　図 7-6 に 800 〜 400 ℃実験後のカソードとアノードの生成相を示す．カソードは YSZ と Ni，アノードは YSZ と Ru からなる．電極中の金属の酸化は認められなかった．図 7-7 に 800 〜 400 ℃実験後の反応器で分析された C 量を示す．カソードに大量の C の生成が認められた．YSZ 電解質，アノードにも C の生成が確認された．この C の生成は，800 ℃の高温では CO の電気化学反応で，600 ℃以下の低温では CO の不均化反応により生成する．

　800 ℃での CO の分解反応機構を示す．カソードでは電気化学反応により，CO が C と O^{2-} イオンへ変化する（(7-13) 式）．

$$2CO + 2Ni \rightarrow 2NiO + 2C \tag{7-11}$$

$$2NiO + 4e^- \rightarrow 2Ni + 2O^{2-} \tag{7-12}$$

$$(7\text{-}11) + (7\text{-}12) \quad 2CO + 4e^- \rightarrow 2C + 2O^{2-} \tag{7-13}$$

生成した O^{2-} イオンは YSZ 電解質を経由してアノードへ輸送される．アノードでは（7-14）式と（7-17）式で表される 2 つの反応が進行し，O_2 と CO_2 が生成する．

$$2yO^{2-} \rightarrow yO_2 + 4ye^- \tag{7-14}$$

$$(1-y)\,Ru + 2\,(1-y)\,O^{2-} \rightarrow (1-y)\,RuO_2 + 4\,(1-y)\,e^- \tag{7-15}$$

$$(1-y)\,RuO_2 + 2\,(1-y)\,CO \rightarrow (1-y)\,Ru + 2\,(1-y)\,CO_2 \tag{7-16}$$

$$(7\text{-}15) + (7\text{-}16)$$

$$2\,(1-y)\,O^{2-} + 2\,(1-y)\,CO \rightarrow 2\,(1-y)\,CO_2 + 4\,(1-y)\,e^- \tag{7-17}$$

カソード及びアノードの両反応式の合計は（7-18）式で表される．

$$(7\text{-}13) + (7\text{-}14) + (7\text{-}17) \quad 2\,(2-y)\,CO \rightarrow 2C + yO_2 + 2\,(1-y)\,CO_2 \tag{7-18}$$

$y = 0$ では $4CO \rightarrow 2C + 2CO_2$, $y = 1$ では $2CO \rightarrow 2C + O_2$ の反応が進行する．$y = 0$ の反応は CO の不均化反応と同じである．

一方，図 7-8 に直流電場下の多孔質 YSZ 電解質の粒子表面での CO 分解反応機構を示す．初めに YSZ の格子欠陥反応を（7-19）式で示す．YSZ は ZrO_2 に Y_2O_3 が固溶した物質である．

$$2Y_2O_3 \xrightarrow{4ZrO_2} 4Y'_{Zr} + 6O_O^\times + 2V_O^{\bullet\bullet} \tag{7-19}$$

ここで Y'_{Zr} は Zr^{4+} が Y^{3+} で置き換わり，-1 の電荷を見かけ上持っていることをダッシュ記号で示している．$V_O^{\bullet\bullet}$ は O^{2-} が失われて空孔になったことを示しており，$+2$ の電荷を見かけ上有していることをドット記号で表している．すなわち，YSZ 全体の電気的中性は保たれている．（7-20）式より CO の酸素が YSZ 粒子の酸素空孔に取り込まれ，瞬時に炭素とホールが生じる．しかし，YSZ のホール電導度は極めて低いため，生じたホールと YSZ 粒子を移動する O^{2-} イオン（内部拡散，あるいは表面拡散）が反応し（（7-21）式），O_2 分子が生じる．

$$2V_O^{\bullet\bullet} + 2CO \rightarrow 2O_O^\times + 2C + 4h^\bullet \tag{7-20}$$

$$4h^{\bullet} + 2O^{2-} \rightarrow O_2 \tag{7-21}$$

$(7\text{-}20) + (7\text{-}21)$

$$2V_O^{\bullet\bullet} + 2CO + 2O^{2-} \rightarrow 2O_O^{\times} + 2C + O_2 \tag{7-22}$$

格子酸素は O^{2-} イオンとして移動し（(7-23) 式），酸素空孔が生成する．

$$2O_O^{\times} \rightarrow 2V_O^{\bullet\bullet} + 2O^{2-} \tag{7-23}$$

(7-22) 式，(7-23) 式の合計は (7-24) 式で表される．

$$2CO \rightarrow 2C + O_2 \tag{7-24}$$

　YSZ 粒子の表面で CO が C と O_2 へ分解すると推察される．CO_2 の分解反応で YSZ 電解質及び Ru–YSZ アノードにも C の析出が認められた．これは (7-1) 式で生成した CO の一部が YSZ 上で (7-24) 式により C と O_2 に分解したためと推察される．

7.4　二酸化炭素及び一酸化炭素の分解実験のまとめ

（1）400 ～ 800 ℃の多孔質電気化学反応器を用いて CO_2 を C と O_2 へ分解した．生成した C は反応器内に残り，O_2 の一部は電極の Ni, Ru と反応し金属酸化物として固定化された．残りの O_2 は O_2 ガスとして放出された．出口ガス流量が 3 ml/min のとき，700 ～ 800 ℃の生成ガス中の CO_2 割合は 61 ～ 63 %，O_2 割合は 37 ～ 39 % であった．生成ガス流量が 50 ml/min のとき，800 ℃での CO_2 割合は 73 ～ 96 %（平均値 85 %），O_2 割合は 4 ～ 27 %（平均値 15 %）であった．

（2）800 ℃の多孔質電気化学反応を用いて CO を C，O_2，CO_2 へ分解した．生成ガス中の CO 割合は 11 ～ 36 %，O_2 は 59 ～ 81 %，CO2 は 2 ～ 9 % である．電極中の金属（Ni, Ru）の酸化は起こらない．

（3）YSZ に CO ガスと O^{2-} イオンが同時に作用すると CO が C と O_2 へ分解する．

　以上のように，多孔質電気化学反応で CO_2 及び CO の高速分解が可能である．今後反応器内に残存する C の回収法や CO_2 及び CO ガスの分解温度の低下を検討する．

参考文献

[1] 新エネルギー・産業技術総合開発機構（2002），第 1 回「プログラム方式二酸化炭素固定化・有効利用技術開発」（中間評価）会議資料 7-3 (http://www.nedo.go.jp/content/100088441.pdf)

[2] Hirata Y, Ando M, Matsunaga N, Sameshima S (2012) Electrochemical decomposition of CO_2 and CO gases using porous yttria-stabilized zirconia cell. Ceram. Inter. 38: 6377–6387

[3] 平田好洋・安藤雅浩・鮫島宗一郎・下之薗太郎（2014）イットリア安定化ジルコニア多孔質セルによる CO_2 と CO の電気化学的分解．無機マテリアル学会誌 21: 262–268

8　セラミックス多孔体を用いた H_2 と CO_2 の分離

8.1　研究の背景

　現在使用されている水素のほとんどが天然ガスの水蒸気改質で作られており，副生する二酸化炭素から水素を分離する必要がある（$C_mH_n + 2mH_2O \rightarrow (2m + n/2)\ H_2 + mCO_2$）．圧力スイング吸着法や極低温での蒸留で水素を分離しているが，高温分離膜が利用できれば分離コストを大きく削減できる．室温付近で高い水素分離能を有する膜として高分子膜があり [1]，すでに市販されている．水蒸気改質法による水素製造では，発生する高温ガス（200 ～ 400 ℃）を高分子膜への導入前に冷却する必要がある．そのような高温で使用できる膜としてパラジウム金属膜があり，結晶格子内を水素原子が拡散する機構で他ガス分子からの分離が可能である [2]．また，非晶質シリカ膜の分子レベルの細孔を利用したふるい効果によるガス分離も報告されている [3]．以上の膜は高い水素分離能力を有するが，ガス透過係数は高くない．十分なガス透過量を得るには膜厚を薄くする必要がある．ピンホールのない薄膜の作製には高い技術とコストを要する．一方で，多孔質膜は細孔内の気相拡散を利用しており，薄膜でなくても比較的大きなガス透過量が得られる．また，膜作製も容易である．しかしながら，気相拡散によるガス分離では分離能力が理論的に制約される（ク

ヌーセン式もしくはポアズユ式) [4]. 当研究室ではセラミックス多孔体がこの理論値を上回る分離能力を低いガス圧力下で示すことを発見した [5]. 本節でその研究成果を紹介する.

8.2 実験方法

8.2.1 セラミックス多孔体の作製

アルミナ多孔体及びイットリア安定化ジルコニア多孔体（YSZ, yttria-stabilized zirconia）を作製した. α -Al$_2$O$_3$ 粉体（比表面積 10.5 m^2/g, メディアン径 310 nm, 等電点 pH 8.5), YSZ 粉体（比表面積 14.9 m^2/g, メディアン径 40 nm, 等電点 pH 7.8) を用いた. 粒子表面が正に帯電し高い分散性を示す pH 3 の溶液に酸化物粉体を固体量 30 vol% で分散し, 24 時間撹拌した. その後, サスペンションを上方脱水型ろ過装置で固化した. 得られた成形体を空気中 100 ℃ で 24 時間乾燥した後, アルミナ成形体は空気中 800 ℃ で 1 時間, YSZ 成形体は 1100 ℃ で 1 時間焼成した. 得られた多孔体の密度はアルキメデス法で測定した. 微構造を走査型電子顕微鏡（SEM）で観察した. 細孔径分布を水銀圧入法と窒素ガス吸着法を用いて調べた.

8.2.2 ガス分離

多孔体の側面をフェノール樹脂で固めてガス漏れを防いだ後, 図 8-1 に示すステンレス製のジグに設置した. H$_2$–CO$_2$ 混合ガスを供給し, 入口側の圧力を

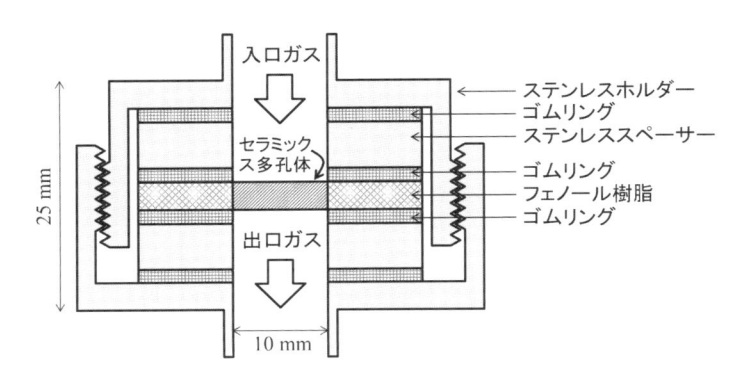

図 8-1 ガス透過実験の模式図

変化させたときの透過ガスの組成と流束の変化を調べた．出口側の圧力はほぼ大気圧（1.0×10^5 Pa）に等しかった．ガス組成はガスクロマトグラフィーで分析した．ガス流束 J（mol/s•m^2）は（8-1）式で示される．

$$J = Q/At = a\, \Delta P/L \tag{8-1}$$

ここで Q は膜を通過する気体のモル数（mol），A は透過面積（m^2），t は透過時間（s），a は透過係数（mol/s・m・Pa），ΔP は入口と出口のガス圧力差（Pa），L は膜厚（m）である．ガス分離能力は出口ガス中の水素と二酸化炭素の流束から（8-2）式で評価した．

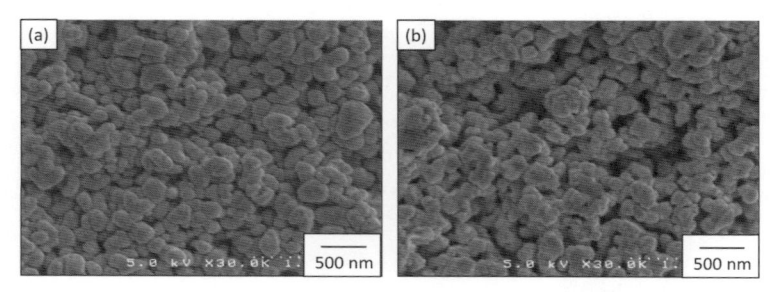

図 8-2　（a）アルミナ多孔体と（b）イットリア安定化ジルコニア多孔体の微構造

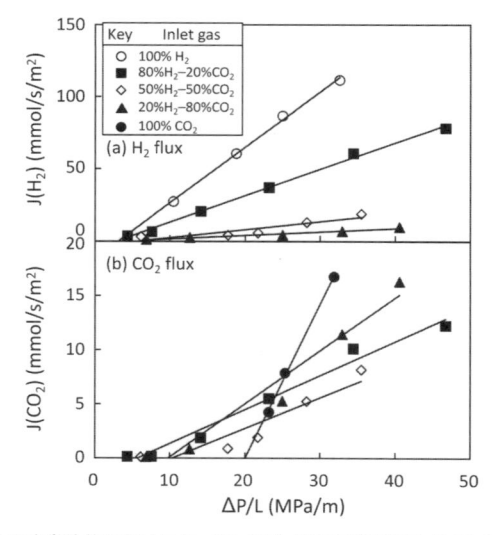

図 8-3　アルミナ多孔体における H$_2$–CO$_2$ 混合ガスの透過流束（(a)H$_2$ 流束，(b)CO$_2$ 流束）

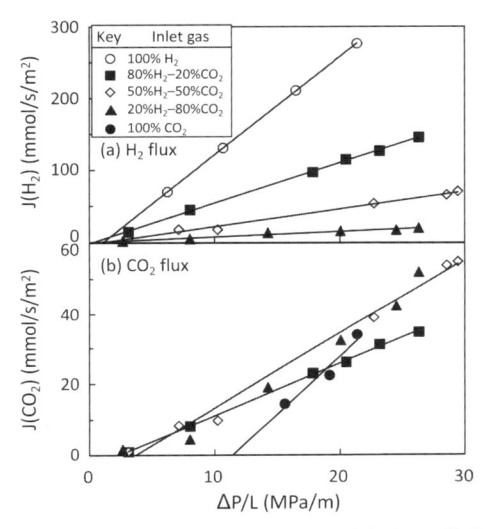

図 8-4　YSZ 多孔体における H_2–CO_2 混合ガスの透過流束（(a)H_2 流束，(b)CO_2 流束）

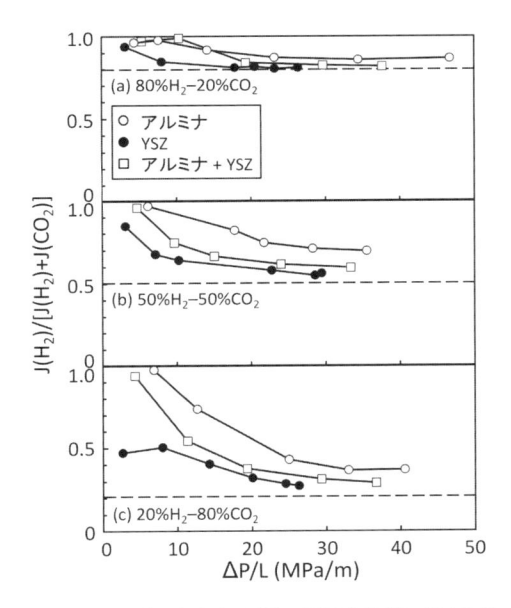

図 8-5　アルミナ，YSZ 及びアルミナ–YSZ 二層系多孔体における H_2–CO_2 混合ガス
　　　からの水素ガスの分離係数

$$F\ (\mathrm{H_2}) = J\ (\mathrm{H_2})\ /\ (\ J\ (\mathrm{H_2}) + J\ (\mathrm{CO_2}))\tag{8-2}$$

8.3 実験結果

　用いたアルミナ多孔体は相対密度 64.2 %，開気孔率 35.4 %，閉気孔率 1.4 % であった．YSZ 多孔体は相対密度 49.7 %，開気孔率 44.4 %，閉気孔率 10.8 % であった．図 8-2 の構造の水銀ポロシメーターによる解析から，細孔のメディアン径はアルミナで 32 nm，YSZ で 25 nm であった．

　図 8-3 はアルミナ多孔体における $\mathrm{H_2}$–$\mathrm{CO_2}$ 混合ガスの透過ガス流束を示す．$\mathrm{H_2}$ 及び $\mathrm{CO_2}$ は混合ガスのある臨界圧力以上で透過し，流束は圧力勾配に比例して増加した．単独ガスでは $\mathrm{H_2}$ の流束が $\mathrm{CO_2}$ に比べて一桁ほど大きい．$\mathrm{CO_2}$ の混合割合が増加するに伴い $\mathrm{H_2}$ の流束は急激に減少した．一方で，$\mathrm{CO_2}$ の流束はガス割合にほとんど影響されなかった．興味深いのは，$\mathrm{H_2}$ の臨界圧力が $\mathrm{CO_2}$ に比べて小さいことである．混合ガスでは臨界圧力の差は小さくなった．すなわち，$\mathrm{CO_2}$ の臨界圧力より小さい圧力勾配下で $\mathrm{H_2}$ と $\mathrm{CO_2}$ の分離の可能性が高いことを示している．図 8-4 は YSZ 多孔体での透過ガス流束を示す．気孔率，細孔サイズにより透過流束は影響を受けるが，ガス透過挙動は図 8-3 のアルミナ多孔体と類似していた．

　図 8-5 はアルミナ多孔体，YSZ 多孔体及びアルミナ –YSZ 二層多孔体の $\mathrm{H_2}$ ガス透過割合（ガス分離係数）を示す．アルミナ –YSZ 二層系では 1.5 mm 厚さの試料を重ねて，アルミナ側から混合ガスを供給した．いずれの多孔体も圧力勾配の減少に伴い $\mathrm{H_2}$ ガス透過割合が急激に増加した．$\mathrm{H_2}$ ガス透過割合が増加する圧力勾配は YSZ ＜アルミナ –YSZ 二層系＜アルミナの順に大きくなった．

8.4 分離機構の考察

　半径 r，気孔率 ε の円筒状細孔を拡散する単一ガス種の流束はポアズユモデルでは（8-3）式，クヌーセンモデルでは（8-4）式で示される．

$$J(\mathrm{P}) = \frac{r^2 \varepsilon \bar{P}}{8RT\eta}\frac{\Delta P}{L}\tag{8-3}$$

$$J(K) = \frac{2r\varepsilon\bar{c}}{3RT}\frac{\Delta P}{L} \tag{8-4}$$

ここで，$\bar{P}$ は $(P_1 + P_2)$ /2 $(P_2$：入口のガス圧，P_1：出口のガス圧），ΔP は $(P_2 - P_1)$，η はガスの粘度，$\bar{c}$ はガス分子の平均速度（$\bar{c} = \sqrt{8RT/\pi M}$，$M$：分子量），$R$ はガス定数，T は絶対温度，L は試料厚さを示す．$r/\lambda \gg 1$ （λ：ガス分子の平均自由行程）のときは（8-3）式（ポアズユの式）が成立し，r/λ < 1 のときは（8-4）式（クヌーセン式）が成立する．（8-3）式あるいは（8-4）式による H_2 と CO_2 の流束から計算される分離係数は（8-5），（8-6）式で与えられる．（8-5）式がポアズユ式，（8-6）式がクヌーセン式に対応している．

$$F(H_2) = \frac{J(H_2)}{J(H_2) + J(CO_2)} = \frac{\eta(CO_2)}{\eta(H_2) + \eta(CO_2)} = 0.611 \,(\text{at } 290 \text{ K}) \tag{8-5}$$

$$F(H_2) = \frac{\bar{c}(H_2)}{\bar{c}(H_2) + \bar{c}(CO_2)} = \frac{\sqrt{M(CO_2)}}{\sqrt{M(H_2)} + \sqrt{M(CO_2)}} = 0.824 \tag{8-6}$$

すなわち 50 % H_2–50 % CO_2 の混合ガスは（8-5），（8-6）式で計算される濃度まで H_2 が濃縮される．

実際の細孔は屈曲している．そのため，図8-3及び図8-4に見られたように J–$\Delta P/L$ の関係が原点を通らず，臨界の圧力（ΔPc）以上でガス透過が起こる．この効果を著者らは（$1 - \sin\theta$）（$\sin\theta = \Delta Pc/\Delta P$）という項で表現し，(8-3)，(8-4) 式の右辺に導入した．ここで $\Delta Pc = 0$ Pa のとき $\sin\theta = 0$（$\theta = 0°$）となる．$\Delta Pc = \Delta P$ のとき $\sin\theta = 1$（$\theta = 90°$）となる．したがって，ガス流束は細孔の性質（$r^2\varepsilon$（$1 - \sin\theta$）），ガスの性質（η，$\bar{c}$），ガス圧（$\bar{P}$ ΔP）の3つの因子に支配されることが分かる．すなわち，$r/\lambda \gg 1$ の気孔において混合ガス中の H_2 と CO_2 に対する流束を（8-7），（8-8）式で近似される．

$$J(H_2) = \frac{r^2\varepsilon\bar{P}(1 - \sin\theta_1)}{8RT\eta_m}\frac{\Delta P_m}{L}x \tag{8-7}$$

$$J(CO_2) = \frac{r^2\varepsilon\bar{P}(1 - \sin\theta_2)}{8RT\eta_m}\frac{\Delta P_m}{L}(1 - x) \tag{8-8}$$

ここでη_mは混合ガスの粘度，$\Delta Pm/L$は混合ガスの圧力勾配，xは入口ガスの混合ガス中のH_2の割合を示す．$\sin \theta_1$と$\sin \theta_2$は純度100 %のガスでのH_2とCO_2の臨界圧力とそれぞれ関係付けられる．このモデルではH_2の分離係数は（8-9）式で与えられる．

$$F(H_2) = \cfrac{1}{1 + \cfrac{(1 - \sin \theta_2)}{(1 - \sin \theta_1)} \cfrac{1 - x}{x}} \tag{8-9}$$

（8-9）式において$\theta_1 = \theta_2$，$x = 1$のとき$F = 1$となる．また$\theta_1 = \theta_2 = 0°$のとき$F = x$となる．（8-9)式は改良クヌーセン式に対しても成立する．すなわち，分離係数は入口ガスのH_2の割合（x）と細孔の屈曲性（θ，ガス種に依存する）に支配される．50 % H_2–50 % CO_2混合ガスに対する酸化物多孔体の実測の分離係数と（8-9）式による分離係数の計算値の比較を図8-6に示す．（8-9）式の計算値は実験値の圧力勾配依存性をよく説明する．しかし，圧力勾配が小さい領域ではモデルと実験値の不一致が見られ，改善が必要である．圧力勾配が大

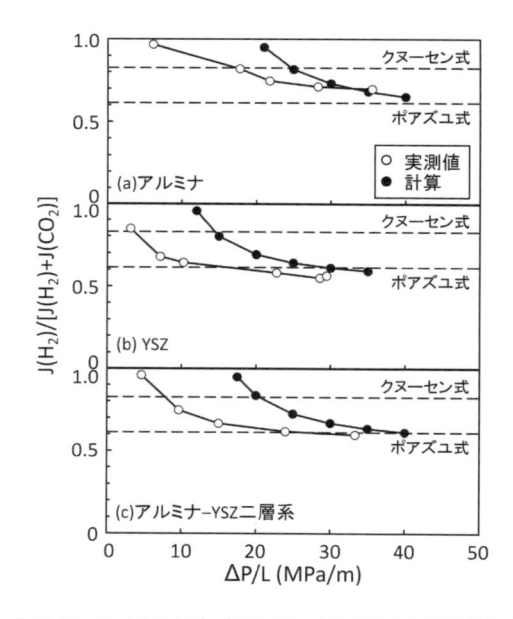

図8-6　50 % H_2–50 % CO_2混合ガスの分離係数の実測値と計算値の比較

きいと単一ガスに対するポアズユの式から推定される分離係数（0.611）に実測値は近づく．したがって，H_2 の分離係数を高めるためには H_2 に対する θ_1 が小さく，CO_2 に対する θ_2 が大きい材料で多孔体を作製すればよいことが分かる．$sin\,\theta$ は $\Delta P_c / \Delta P_m$ の比であり，圧力勾配の関係となっている．したがって，$\Delta P_m \rightarrow \Delta P_c$ では $sin\,\theta \rightarrow 1$ となり，$\Delta P_m \rightarrow \infty$ では $sin\,\theta \rightarrow 0$ となる．圧力勾配が小さいときガス種による θ に差が現れて，分離係数は 1 に近づく．

8.5　セラミックス多孔体を用いた H_2 と CO_2 の分離のまとめ

100 nm 以下の細孔径を有するセラミックス多孔体において H_2 と CO_2 のガス透過は臨界圧力勾配以上で起きた．H_2 の臨界圧力勾配は CO_2 に比べて小さかった．臨界圧力勾配以上では圧力勾配の増加に比例して透過流束は増加した．単独ガスの透過では H_2 の透過流束は CO_2 に比べて一桁ほど大きかった．CO_2 を混合すると H_2 の透過流束は急激に低下した．一方で，CO_2 の透過流束は H_2 の混合による影響をほとんど受けなかった．H_2 のガス分離係数は圧力勾配の減少に伴い 1 に近づいた．分離係数を支配する因子は，H_2 と CO_2 の臨界ガス圧力勾配とガス混合割合，及び混合ガスの圧力勾配である．

参考文献

[1] Robeson L M（2008）The upper bound revisited. J. Membrane Sci. 320: 390–400

[2] David E, Kopac J（2011）Development of palladium/ceramic membranes for hydrogen separation. Inter. J. Hydrogen Energy 36: 4498–4506

[3] de Vos R M, Verweij H（1998）High-selectivity, high-flux silica membranes for gas separation. Science 279: 1710–1711

[4] Keizer K, Uhlhorn R J R, Vanvuren R J, Burggraaf A J（1988）Gas separation mechanisms in microporous modified γ -Al_2O_3 membranes. J. Membrane Sci. 39: 285–300

[5] Shimonosono T, Imada H, Maeda H, Hirata Y（2016）Separation of hydrogen from carbon dioxide through porous ceramics. Materials 9: 930（doi: 10.3390/ma9110930）

9 バイオガス改質技術と光合成の組み合わせの効果

当研究室で開発した電気化学反応器を用いたバイオガス改質による水素製造と二酸化炭素分解プロセスを植物の光合成プロセスと組み合わせることで，バイオガスを再生しながら水素エネルギーの製造と大気中の二酸化炭素の削減が可能となる．

当研究室技術：バイオガス（$3CH_4 + 2CO_2$）+ CO_2（循環）+ H_2O

$$= 7H_2 + CO_2 （循環） + 5C + 5/2O_2 \tag{9-1}$$

光合成：$12H_2O + 6CO_2$ + 太陽光

$$= C_6H_{12}O_6 （ブドウ糖） + 6H_2O + 6O_2 \tag{9-2}$$

メタン発酵：$C_6H_{12}O_6$（ブドウ糖）

$$= バイオガス（3CH_4 + 2CO_2）+ 固定化 CO_2 \tag{9-3}$$

上記のプロセスを組み合わせると次式で表される．

バイオガス（$3CH_4+2CO_2$）+ $6CO_2$ +$7H_2O$+ 太陽光

$$= バイオガス（3CH_4+2CO_2 + 固定化 CO_2）+ 7H_2 + 8.5O_2 + 5C \tag{9-4}$$

このプロセスでは，バイオガスがバイオガス，水素，炭素に変換される．水素基準のエネルギー再生率は 217 ％ で，炭素の再生率は 267 ％ となる．大気中の二酸化炭素が著しく減少し，酸素が増加する．

10 南九州地域での水素事業モデル案

本技術は次の用途へ展開が可能である．（1）食物残渣，非食用バイオマス，下水汚泥等から水素を大量に合成する（安価なバイオガスからの国内産水素の製造が可能）．（2）家庭用及び事業用定置型燃料電池の水素燃料として利用する（燃料電池の普及にともなう水素の供給に対応する）．（3）燃料電池車用水素ステーションへ供給する水素燃料として利用する（水素ステーションの設置は国策ですすめられる）．（4）鹿児島から打ち上げるロケットの水素燃料として利用する．（5）火力発電所，製鉄所で発生する CO_2 の固体炭素と酸素への分解に利用する（CO_2 の削減は世界的課題となっている）．

　鹿児島は農業，畜産業が盛んであり，水素源であるバイオガスを大量に製造することが可能である．当研究室の技術を用いればバイオガスから水素を大量に合成することも可能である．一方で，大量の水素の利用先が南九州地域には現状で存在しない．県や市が公費補填し，燃料電池バスを導入すれば，大量の水素の消費先となる．これは文化遺産都市での交通体系整備や旅行者誘致にも大きく寄与できる．また，燃料電池バスは災害時に電気と熱を供給する発電機の役割も果たすため，災害対策としてとらえることができる．燃料電池バスを走らせるためには，水素ステーションが必要となる．水素事業を実現させるためには，電気化学反応器の構造設計（セル形状，ガス流路など），スケールアップ，及び製造が可能な企業の参入が不可欠であり，システム設計（熱，電気，ガスの管理，周辺機器（水素の貯蔵など））が可能な企業の参入が必要である．バイオマス原料を有する企業，セラミックスセル製造企業，水素ガス活用企業と共同で事業を行うことが有効と考えられる．

第4章

鹿児島地域の太陽光発電と桜島火山降灰の影響

川畑秋馬・堀江雄二

はじめに

　日照量豊富な鹿児島地域は，太陽光発電に適した地域の一つであり，多数のメガソーラー（発電出力が1メガワットを超える大規模な太陽光発電設備）が建設されています．一方，鹿児島地域はその中央に位置する桜島からの火山降灰によって，太陽電池モジュール（太陽電池パネルの基本単位である太陽電池セルを直列に接続したもの．詳細は後述）の発電量が低下することが懸念されています．そこで，火山降灰環境下における発電量の定量的な評価や降灰対策技術の開発が必要となってきています．

　本プロジェクト研究は，太陽電池モジュール上への積灰を抑制し，発電量の最大化を実現するために，降灰環境下に適した太陽電池モジュール用カバーガラスの表面加工条件やモジュールの設置条件を明らかにすることを目的としたものです．具体的には，

- ・モジュールにどのように火山灰が堆積・付着するか
- ・降灰によってモジュールの発電量がどの程度低下するのか
- ・モジュールをどのように設置すれば，火山灰は堆積し難くなるか
- ・モジュール用カバーガラスをどのような表面状態にすれば火山灰が堆積し難くなるか

などについて調べて，火山灰降灰の影響やその対策法など，降灰地域に適した太陽電池モジュールに関する有用な知見を得ることを目指して取り組んだものです．

　本章の前半では，まず太陽電池の種類と動作原理，次に太陽電池パネルの構

造と製造過程，発電特性の評価方法，さらに太陽光発電を取り巻く環境について示します．本章の後半では，鹿児島地域のメガソーラーの設置状況と桜島の火山活動状況，降灰模擬実験の方法と実験で得られたモジュールへの火山灰の堆積・付着特性や積灰による太陽光発電への影響について述べて，最後に得られた知見をまとめます．

1　太陽電池の種類と動作原理

1.1　太陽電池の種類

　地球温暖化の進行とともに，再生可能エネルギーの利用が促進されています．そのなかでも注目されているのが，太陽光エネルギーです．太陽からは地球上の 1 m^2 当たり 1.37 kW のエネルギーが降り注いでおり，これらを石油に換算すると年間約 1000 億トン（佐藤 2011）にもなり，大きなエネルギーを得るには最も効果的であると考えられているためです．

　表 1 に現存する主な太陽電池を分類したものを示します．ほとんどの太陽電

表 1　太陽電池の種類．マーケットシェアは 2013 年現在．NEDO「太陽光発電技術開発動向等の調査」より

	製法	種類	特徴	マーケットシェア	モジュールの変換効率	小面積セルの変換効率
シリコン系	バルクモジュール	単結晶	変換効率は高いが，生産に必要なエネルギーやコストが高い	87%（単:多〜4:6）	〜20%	25%
		多結晶	変換効率は落ちるが，生産に必要なエネルギーは少なく，コストと性能のバランスの良さから，現在の主流となっている		12〜16%	20%
化合物系	薄膜モジュール	アモルファス	使用するシリコン原料が少なく，エネルギーやコスト的にも有利，将来の低価格化が期待されている	5%	9%	12〜16%
		GaAs系（III-V族系）	最高の変換効率，高価，宇宙用など特殊用途	−	−	38%
		CIGS系	ソーラーフロンティア社が生産拡大中，高効率，薄膜，次世代の太陽電池	2%	〜14%	17%
	バルク	CdTe系	米FirstSolar社のみ，生産拡大中，低価格だが環境負荷大	6%	〜13%	14%
有機系	電解液封止モジュール	色素増感(DSC)	製造が簡単で材料も安価，大幅な低コスト化が見込まれ，多結晶シリコン太陽電池の 1 割程度のコストで製造できると言われている．現在の課題は効率と寿命	−	約7%	12%
	薄膜モジュール	有機薄膜(OPV)	色素増感太陽電池よりもさらに構造や製法が簡便高効率化と耐久性が課題	−	−	11%
		無機有機ハイブリッド型(DSC-OPV)	研究段階ではあるが，効率が高い，課題は耐久性向上	−	−	>20%？

池は半導体を用いたもので，コンピュータなどの電子機器にも用いられている半導体シリコンを用いた「シリコン系」，様々な元素を組み合わせた化合物半導体を用いた「化合物系」，色素や有機半導体を用いた「有機系」に大別されます．エネルギー変換効率とは太陽光エネルギーのうちどの程度電気エネルギーに変換できるかを表す指標で，15 % 前後であることが分かります．すなわち，$1\,m^2$ 当たり 1.37 kW の太陽光エネルギーのうち電気エネルギーに変換できるのは 200 W 程度になります．したがって，家庭で消費する最大約 4 kW の電力を太陽電池でまかなおうとすると，約 20 m^2（約 4.5 m 四方）の太陽電池が必要ということになります．同じ電力を得るのであれば，エネルギー変換効率が高い方が太陽電池の面積が少なくてすむことが分かります．

　この表の中で最も普及しているのが多結晶シリコンです．単結晶シリコンは 1 枚のシリコンの板の中でシリコン原子が規則正しくならんでいてエネルギーの変換効率が高いのですが，規則正しくならべるために製造コストがかかります．それに対して，多結晶シリコンは 1 枚のシリコン板の中に多数の単結晶シリコンの結晶粒が含まれていて，変換効率がそれほど高くないため設置面積は増えますが，かわりに価格が単結晶シリコンほど高くないために普及が進んでいるのです．このように太陽電池が普及するにはエネルギー変換効率の高さではなく，実際の設置コストが低く耐久性があることが重要なポイントになります．

　シリコン系以外では CIGS 系と呼ばれる化合物半導体を用いたものが製品化されていて，価格と安定・耐久性の点から多結晶シリコンと良いライバル関係にあります．カドミウム・テルル（CdTe）は有毒なカドミウムを含むため，日本国内ではほとんど流通していません．有機系では色素増感太陽電池や有機半導体を用いた薄膜太陽電池が印刷工程を使って安価に太陽電池を作ることができ，軽量で設置場所の制限が少ないことから注目を浴びています．特に，ここ数年開発が進んでいるペロブスカイト化合物を用いた有機無機ハイブリッド型の太陽電池は研究段階の小面積のものでエネルギー変換効率が 20 % を超えるものが出てきており，将来シリコン系太陽電池に取って代わるのではないかと期待されています．しかし，現在のところ耐久性に問題があり，いずれも実用化はされていません．

1.2　シリコン系太陽電池の動作原理

　シリコン系太陽電池の基本的な構造を図 1 に示します.（佐藤 2011）太陽電池は基本的に p 型と n 型の半導体を接合した構造（pn 接合ダイオード）をしています. ここに太陽光が照射されると太陽光のエネルギーによって電子と正孔（電子の抜け穴, 正の電気を帯びている粒子のように振る舞う）のペア（電子正孔対）が生まれます. そのままだと負の電子と正の正孔は結合してエネルギーを放出してしまいます（再結合）が, 正孔と電子は p 型と n 型の接合面まで来ると正孔は p 型へ, 電子は n 型へと移動し空間的に分離されます. p 型には正孔が, n 型には電子が集まるため, p 型と n 型の間に電圧が発生し, p 型層に裏面電極（正極）, n 型層の表面に受光面電極（上部電極, 負極）をつけて, 正極と負極の間に電線をつなぐと正孔は正極から, 電子は負極から流れ出し, 電流が流れます. このように, 太陽光を当てることによってまさに電池の役割をすることになります.

　実際にはできるだけ多くの光を太陽電池内に取り込むため, 表面に反射防止膜を付けたり, 半導体の表面にわざと凹凸（テクスチャ）をつけて半導体内部に光を閉じ込めたりする工夫が行われています. 反射率が低くなり可視光がより多く吸収されるようになると, 太陽電池の表面は暗い青色を呈するようにな

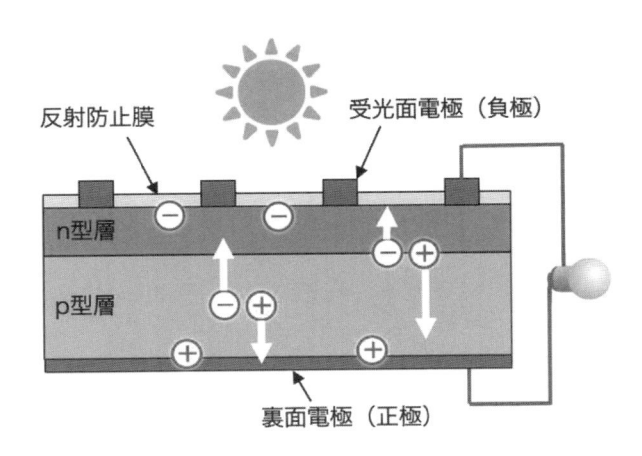

図 1　太陽電池の発電のしくみ

りJます.

2 太陽電池パネルの構造と製造過程

　通常，太陽電池は 10 cm 角の正方形を標準とし，これを「セル」と呼びます．しかし，セル 1 個では結晶シリコンの場合，出力電圧は約 0.8 V，出力電流は 4 A 程度にしかなりません．これでは，多くの応用に対して特に電圧が低すぎるので，このセルを 25 個直列につなぐことで 20 V の電圧を得ることができます．このようにセルを直列接続したものを「モジュール」と呼びます．このモジュールをさらに図 3 のように直列と並列に格子状に接続することで，所望の電力を得ることが出来ます．このモジュールの配列のことを「アレイ」と呼び

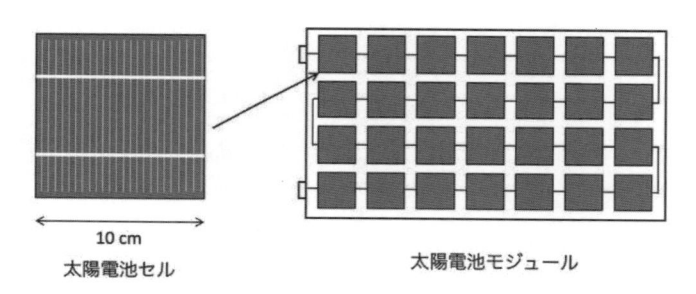

太陽電池セル　　　　　　　　　　　太陽電池モジュール

図2　太陽電池セルと太陽電池モジュール（28 セルを直列接続した例）．
　　　太陽電池セルの表面のパターンは受光面電極

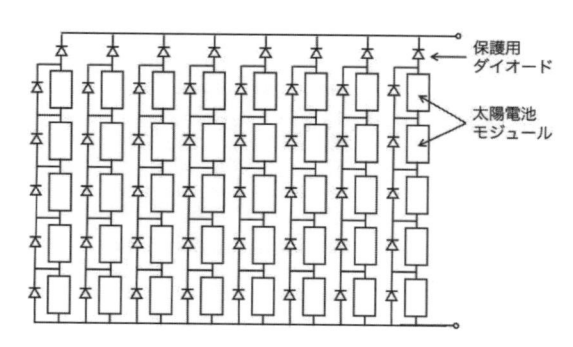

図3　太陽電池アレイ．8 並列 5 直列の例．

ます．例えば，8 並列 5 直列に接続することで，160 V, 20 A の約 3 kW の実用的な電力を得ることができます．モジュールをアレイにすると，仮に 1 つのセルが壊れたり，部分的に影になって特定のモジュールの発電量が落ちたりすると，アレイ全体の発電量が極端に落ちたり，逆に流れた電流によってセルが破損する原因になるため，保護回路が付けられています．このアレイによって得ることができるのは直流電圧ですから，パワーコンディショナーを使って交流に変え，電力系統に接続するために電圧や周波数，位相の調整を行っています．

　太陽電池モジュールの製造工程を図 4 に示します．p 型シリコンのウェハーの上にテクスチャーをつけたあと，その表面に n 型層を作り，pn 接合を形成します．その上に反射防止膜を付け，受光面電極をつけます．検査工程を経て太陽電池セルが完成します．この太陽電池セルは 0.2 〜 0.3 mm 程度の厚さしかないため，強化ガラスの上にセルを貼り付け配線したあと樹脂で覆い，その上から保護フィルムを貼り付けて封止します．強化ガラスの周りをアルミフレームで固定し，引き出し電極に配線ボックスを取り付け，検査工程を経ること

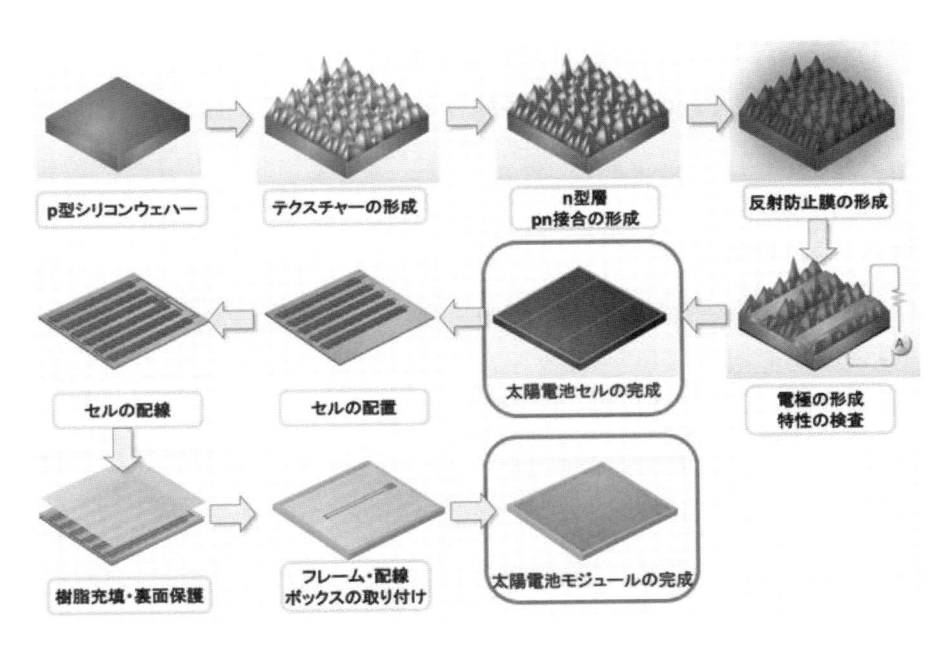

図 4　太陽電池セルとモジュールの製造工程

でモジュールが完成します.

太陽電池は建物の屋根などに設置され，温度変化や風雨に長い期間さらされることになります．したがって，この封止工程が不完全だと封止に用いる樹脂が劣化し，モジュールの寿命を縮めることにつながります．また，モジュールのガラス表面の汚れは太陽光の入射光量の減少，すなわち発電量の減少に直結するため，光触媒などを用いた汚れ防止のコーティングが良く行われます．さらに，モジュール表面が完全な平面だと，表面で太陽光が反射してまぶしいので，わざと強化ガラスの表面に凹凸を付けて太陽光を散乱させる「防眩処理」が行われることもあります．

3 発電特性の評価方法

太陽電池の発電特性は，太陽光からの光の強度やスペクトルが天候や地球上の位置などによって異なるため，世界的に決められた疑似太陽光源を用いて検査されます．通常はキセノンランプとハロゲンランプ，フィルタを用いて太陽光スペクトルに近いスペクトルを再現したソーラーシミュレータを用いてエアマス（AM）-1.5 で 1 m^2 当たり 1 kW の強度で照射します．図5のように水蒸気などの大気の成分によって太陽光の特定の波長成分が吸収されます．AM とはその吸収度合いを示し，大気圏外では AM-0，赤道付近では AM-1 とします．多くの人口が集中している地球の中緯度付近では太陽光線が大気中を通過する長さが長くなるため，AM-1.5 と，さらに大気の吸収が大きくなり，これを世界標準としています．

太陽電池の発電特性は，通常，この標準光を照射したときの電流電圧曲線によって評価します．図6に典型的な電流電圧曲線を示します．太陽電池の発電特性を表す4つの重要な指標が短絡電流（I_{sc}），開放電圧（V_{oc}），曲線因子（フィルファクタ，FF），エネルギー変換効率（η）です．短絡電流は太陽電池の端子間を電流計で短絡したときに流れる電流で，開放電圧は端子間に電圧計を接続したときの電圧です．太陽電池から取り出せる電力（P）は実際に太陽電池の端子間に流れる電流（I）と電圧（V）の積になります．しかし，短絡電流を測定する場合は端子間を短絡する（0の負荷をつないだことに相当する）

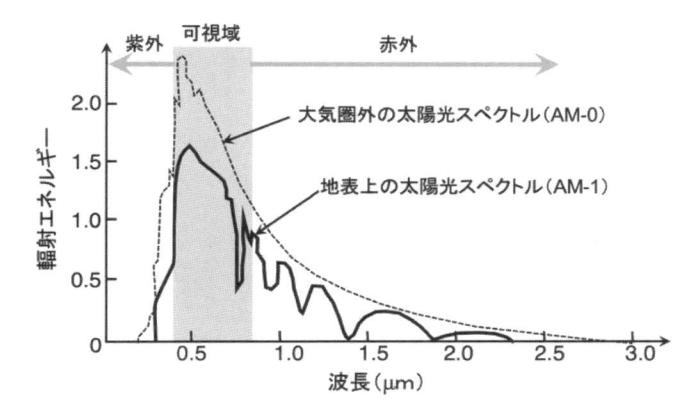

図5　太陽光のスペクトルに対する地球大気の影響

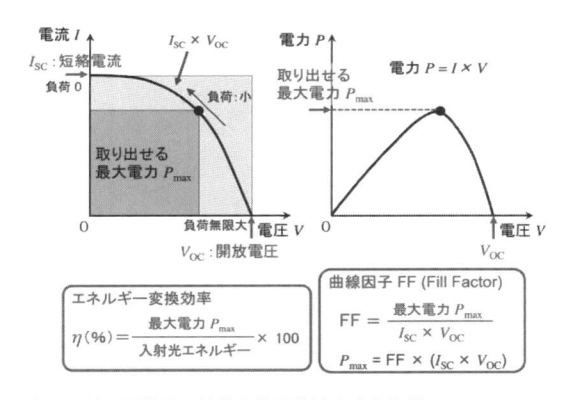

図6　太陽電池の電流電圧特性と発電特性を表す指標

ので，端子間の電圧は0で電力も0になります．開放電圧を測定するときも端子間を開放する（無限大の負荷をつないだことに相当する）ので流れる電流は0で，電力も0になります．実際に太陽電池を使って電力を発生させるときには太陽電池の端子間にある負荷をつないで電力を供給することになるので，負荷の大きさによって流れる電流と電圧が変化することになります．その変化の様子を表すのが電流電圧曲線になります．

　実際は負荷の大きさによって供給できる電力が変化するので，供給できる最

大電力（P_max）を使って太陽電池の特性を表します．電力は電流と電圧の積で表されるので，電流電圧特性の一辺が電圧，一辺が電流になるような長方形を描き，その長方形の面積が最大になるような電流電圧曲線上の点を「最大電力を与える動作点」とし，その時の長方形の面積が最大電力（P_max）となります．この P_max の入射光エネルギーに対する比率がエネルギー変換効率（η）となります．η は I_sc と V_oc が大きくなれば大きくなりますが，同じ I_sc と V_oc でも電流電圧曲線の膨らみが大きくなければ P_max は大きくなりません．この電流電圧曲線の膨らみを表す因子として，P_max を作る長方形と I_sc と V_oc の作る長方形の面積比として曲線因子（フィルファクタ，FF）が用いられます．結局，エネルギー変換効率（η）を大きくするためには I_sc，V_oc，FF のいずれもが大きくなる必要があります．

この変換効率は原理的には太陽電池の面積にはよらないはずなのですが，実際は面積が広くなるほど小さくなります．これは実験室で作る小面積の太陽電池セルに比べて大面積のモジュールでは製品によるばらつきによって全体の変換効率が落ちたり，電極など光が当たっても電力に変換されない部分が増えたり，面積が増えるにつれて光で励起された電子の上部電極までの移動距離が長くなり，エネルギー損失が増えたりするためです．

4　太陽光発電を取り巻く環境

2011 年の東日本大震災および原子力発電所の事故を受け，経済産業省が家庭や企業を再生エネルギーの発電事業者と認定し，発電した電力を長期間，固定した価格で買い取ることを電力会社に義務づける「固定価格買取制度（FIT）」を 2012 年に始めました．（日本経済新聞 2018 年 9 月 11 日朝刊）その結果，太陽光発電は大幅に普及することになりましたが，再生エネルギーの買い取りに使った費用は電気の使用者から広く集められる「再生エネルギー賦課金」によってまかなわれ，その一部は電気料金に上乗せされています．2018 年度の上乗せ額は 2.4 兆円にもなります．この額は太陽光発電の普及に伴い急激に増えつつあり，一般の電気料金の上昇にもつながるため，買取価格は年々下落傾向にあり，それに伴い経済的なメリットが少なくなるため，太陽光発電の新規導

図 7　鹿児島七ッ島メガソーラー発電所

入量も減りつつあります.

　この FIT の導入に伴い，特に日射条件が良い九州では急激に太陽光発電の導入が進みました．大規模太陽光発電施設の建設も相次ぎ，鹿児島市七ッ島には 7 万 kW のメガソーラー発電所が 2013 年 10 月に建設されました．これは，一般家庭の約 2 万 2000 世帯分に相当し，鹿児島市世帯数の約 8.2 ％ に相当します．九州管内ではメガソーラーの設置量は総計 803 万 kW にも上り，全国の約 2 割が集中することになりました．その結果，2018 年のゴールデンウイーク中，九州電力管内で総電力需要のうち，太陽光の割合が一時，8 割を超える日が 3 日もありました（日本経済新聞 2018 年 9 月 1 日朝刊）．しかし，電力は需要と供給量が同量にならなければ周波数が安定せず，最悪の場合は大規模な停電（ブラックアウト）が起きます．そこで，通常は比較的発電量を変化させやすい液化天然ガス（LNG）の火力発電所の発電量を変化させたり，昼間の余った電気を使って水を汲み上げて，夜間の太陽光発電が行われないときに発電する揚水式発電所を稼働させたりすることで，需給バランスを取ることになるわけです．しかし，天候によって左右される不安定な太陽光発電の割合が大きくなればなるほど，需給バランスが崩れる危険性が増すことになります．そこで，九州電力は 2018 年秋に太陽光の発電事業者に稼働停止を求める「出力制御」を実施しました.

このように，太陽光をはじめとする再生可能エネルギーの将来は必ずしも明るいとは言えません．このような再生可能エネルギーを有効利用するためには，系統接続に頼らず，発電した「電気を蓄える」技術が必要となります．しかし，現在最も普及しているリチウムイオン電池はまだ高価で，すぐには増やすことは出来ません．そのため，レドックスフロー電池やナトリウム硫黄（NAS）電池などの大容量蓄電池の開発が行われ，多くの電力を必要とする病院や工場などで非常用電源として導入が進みつつあります．また，一般家庭においても再生可能エネルギーの買取価格の低下に伴い，太陽光と同時に蓄電池を導入する事例も増えてきています．

　それでもまだ，蓄電池の量は十分とは言えません．そこで，既存の蓄電池をかき集めて有効活用する蓄電ネットワークの構築が検討されています．（日経エレクトロニクス「仮想発電所が多数出現へ」（2018.7））これは，リソースアグリゲータ（RA）と呼ばれる事業者が再生可能エネルギーによる発電・蓄電状況や各家庭の電気自動車（EV）や蓄電池の蓄電状況などを「もののインターネット（IoT）技術」で把握し，リアルタイムに個別の蓄電池を人工知能（AI）技術を用いて制御するというものです．これにより，地域が1つの独立した仮

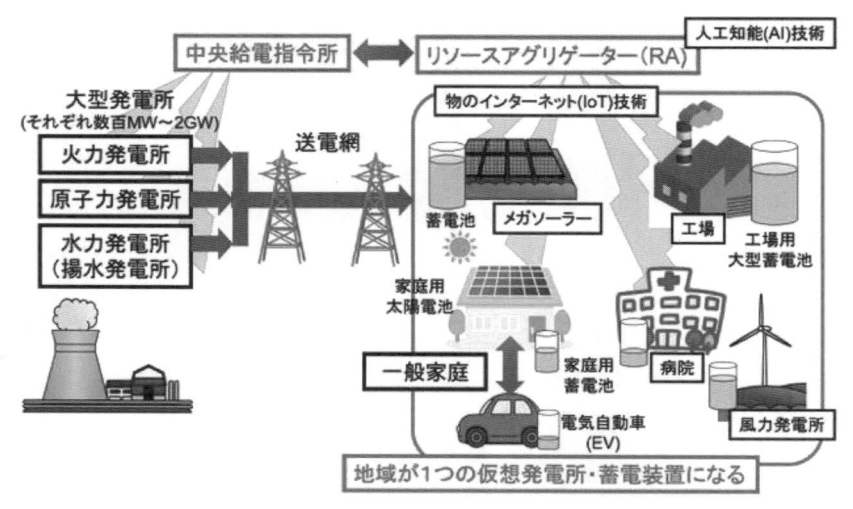

図8　リソースアグリゲータによる蓄電ネットワークシステム．日経エレクトロニクス「仮想発電所が多数出現へ」（2018.7）をもとに作成

想発電所・蓄電装置になり，地域で作られた再生可能エネルギーをその地域で消費する「エネルギーの地産地消」が実現できるのではないかと期待されています．それだけでなく，このようなシステムが出来れば 2018 年 9 月の北海道地震で発生した大規模停電のような事態は避けられ，災害対策としても有効な手段となることが期待されます．

5　鹿児島地域のメガソーラー設置状況と桜島の火山活動状況

鹿児島県は日射量が豊富で広大な土地が確保し易いため，太陽光発電設備の導入が進んでいて，2016 年までの太陽光発電の導入設備容量は 113 万 kW 強の値で全国 7 位となっています．図 9 は，2018 年までに鹿児島地域に設置されたメガソーラーの代表的なものを示したものです．桜島火口から 10 km 以内に設置されたメガソーラーの数は少なく，大半は桜島から離れた地点に多数

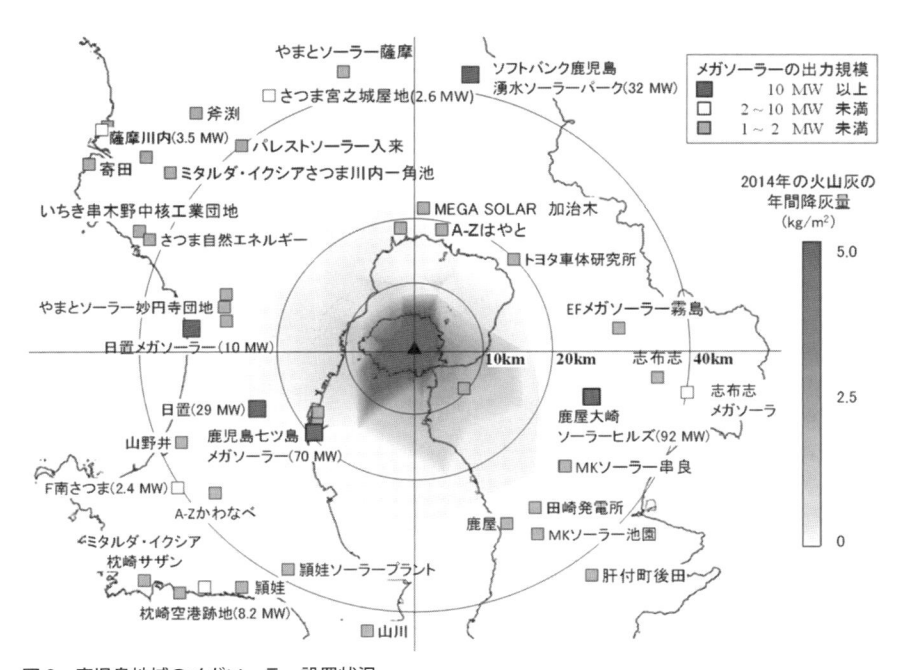

図 9　鹿児島地域のメガソーラー設置状況

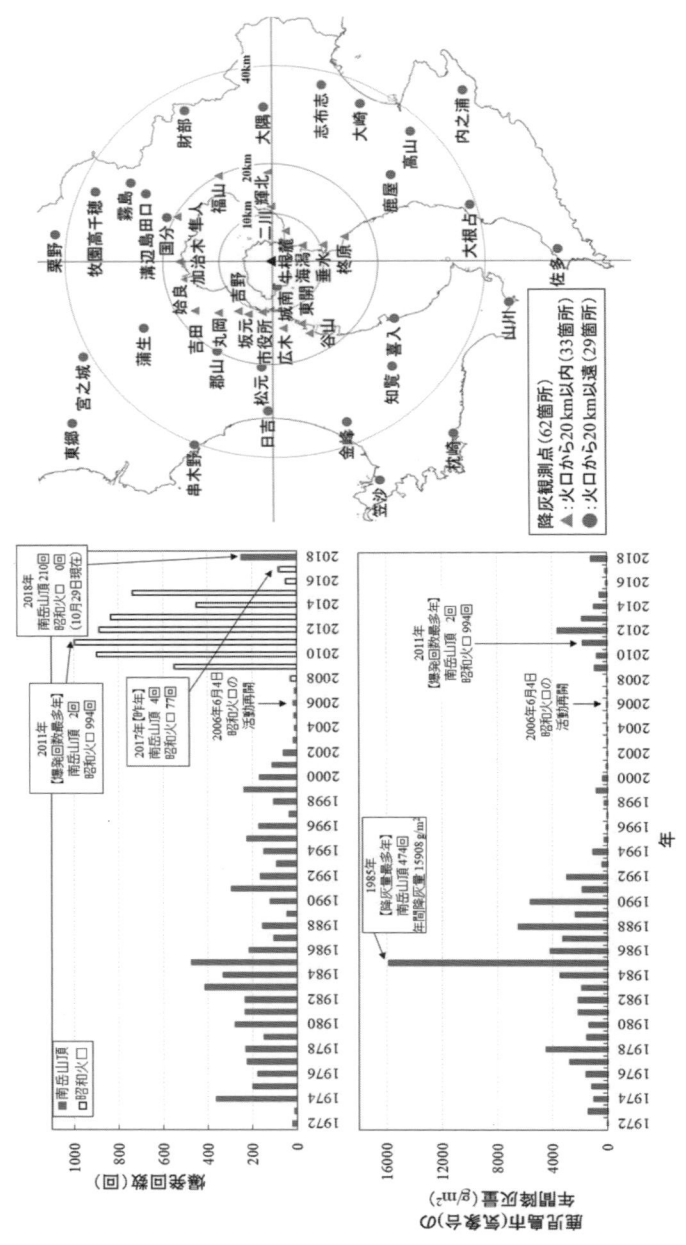

図10 桜島の爆発回数と鹿児島市の年間降灰量及び降灰量の観測点

図11　降灰前後の太陽電池アレイ（鹿児島大学工学部電気電子工学科棟に設置された 10 kW の太陽電池アレイ）

設置されていることが見て取れます．

　図 10 は桜島の爆発回数と鹿児島市（鹿児島地方気象台の所在地）における年間降灰量を示したものです．2000 年以降，桜島南岳の火山活動は一旦弱まりましたが，2009 年から昭和火口の活動が活発になり，県内各地に火山灰を撒き散らしています．爆発回数が約 1000 回に達した年もあります．現在，昭和火口からの噴火は一時小康状態となっていますが，2018 年からは再び南岳の活動が活発化する傾向を見せています．また，近年の年間降灰量は図 10 から 1980 〜 1990 年代の頃と比較すると少なくなっていますが，それでも鹿児島市内で 1kg/m^2 〜数 kg/m^2 程度はあります．降灰後の太陽電池アレイ上の火山灰堆積の実際の様子を把握できるように，図 11 には鹿児島大学電気電子工学科棟に設置された 10 kW の太陽電池アレイの降灰前後の写真を示しました．

　鹿児島県では図 10 に示すように現在 62 カ所の降灰観測点を設けて降灰量を観測しています．2014 年の各観測点での月ごとの降灰量を調べてみると，火口より 20 km 以内（桜島，垂水は除く）では，概ね 50 〜 300 g/m^2，火口より 20 km 以遠では，概ね 50 g/m^2 程度以下の降灰量となっていました．後述する降灰模擬実験での降灰量は，これらのデータを考慮して設定したものになって

います.

　前出の図9には，62 カ所の観測点のデータをもとに 2014 年の年間降灰量を
メガソーラーの設置場所に重ねて示してあります．降灰量は火口からの距離だ
けではなく，風向きによっても左右されます．七ツ島メガソーラー発電所近傍
の地域は，通常は降灰量の少ない地域ですが，2014 年は台風による風向きの
変化の影響もあり，降灰が例年より多く観測されています．火口から離れた地
点に多くのメガソーラーが設置されていますが，年間降灰量が 100 g/m² 程度
の地点においても，火山降灰の影響を少なからず受けるものと考えられます.
次節では，降灰による発電量への影響を調べるための降灰模擬実験の方法につ
いて示します.

6　降灰模擬実験の方法

6.1　使用した桜島火山灰

　降灰模擬実験に使用した火山灰は，桜島火口より東南東に 8 km の地点の牛
根麓で採取した火山灰 A と，火口より西南西に 11 km の地点の鹿児島大学内
で採取した火山灰 B, C, D です．採取した火山灰は，目開き 500 μm の篩を通
した後，250 μm，180 μm，100 μm，45 μm の篩に順次通して篩い分けを
行い，篩を通過した後の火山灰を降灰模擬実験に用います．以下，例えば，目
開き 500 μm 篩を通過した粒径の火山灰を使用した場合には「500 μm 篩下」
と表記します．「180 μm 篩下」，「100 μm 篩下」などの表記もこれと同様の
意味です.

　この篩い分けによって得られた火山灰 A 〜 D の粒度分布を表2に示します.
桜島火山灰の粒径は，0.1 μm 程度から数 mm 程度まで広く分布しますが，採
取した火山灰では 500 μm 篩下の火山灰の割合が 95 ％ 以上，180 μm 篩下の
火山灰の割合が 50 〜 75 ％ 程度でした．180 μm 篩下の火山灰に対しては，さ
らにレーザー回折散乱方式粒度分布測定装置によって，それぞれの粒度分布を
測定します．図 12 は粒度分布の測定結果を示したものです．火山灰の粒度分
布は採取場所や採取時期などによって異なりますが，火山灰 A, C, D の粒度分
布は，鹿児島県内の種々の場所で別途採取して調べた火山灰の粒度分布と比較

表2　実験に使用した桜島火山灰の粒度分布

	篩による分類（μm）			
	180以下	180〜250	250〜500	500以上
火山灰 A	74 %	10 %	12 %	4 %
火山灰 B	76 %	14 %	9 %	1 %
火山灰 C	54 %	16 %	27 %	3 %
火山灰 D	60 %	28 %	12 %	0 %

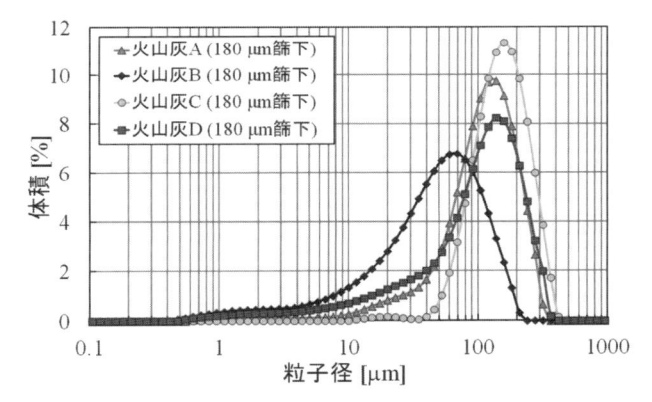

図12　180 μm 篩下火山灰の粒度分布の測定結果

した結果，概ね同じ特徴を有していることがわかりました．その特徴としては，粒径の体積比率は 100 〜 150 μm 程度の間にピークがあること，粒径50 μm 程度以下の粒子を含むもの（火山灰 A, D）とそれをほとんど含まないもの（火山灰 C）に分けられること，などです．一方，火山灰 B は側溝に堆積した特異な採取場所のものであるため，火山灰 A, C, D の粒度分布とは異なり，細かい粒径の火山灰の割合が大きい粒度分布を持つものと推察されます．

6.2　使用した太陽電池モジュールと降灰模擬実験の方法

　白板強化ガラスをカバーガラスとして用いた太陽電池モジュール（以下,「標準モジュール」と呼びます）と，白板強化ガラスの表面に超親水性の無機防汚コーティング剤を塗布して防汚コートを施したガラスを用いたモジュール（以

下，「防汚コートモジュール」と呼びます）の2種類のモジュールを実験に用いました．太陽電池セルは多結晶シリコンで，セルサイズは 156 mm × 156 mm，セル枚数4枚でモジュールを形成し，その外形サイズは 400 mm × 400 mm です．図13 に標準モジュールの外観を示します．

　図13 には，モジュール表面への降灰方法も示しています．所定の角度に設置したサンプルモジュール表面に火山灰を一様に降灰させます．モジュール表面への降灰量は 10 g 刻みで，10 ～ 50 g（約 60 ～約 300 g/m² の降灰量に相当）まで段階的に増やしていきます．モジュールの設置角度 θ は，同図に示すような器具を用いて，水平（$\theta = 0°$）から垂直（$\theta = 90°$）まで変化させることができます．ここでは，まず基礎データとして，設置角度が水平のときの特性を測定し，次に設置角度を変えたときの特性を測定しました．積灰によるモジュールの出力低下特性は，前述したソーラーシミュレータを用いて測定しました．

　サンプルモジュールに対して，降灰量を 10 ～ 50 g（約 60 ～約 300 g/m²）まで変化させ，この範囲の降灰量によってどの程度モジュールの出力電力が低下するか，火山灰の種類や粒度分布ならびにモジュール設置角度によってモジュール上への積灰量やモジュールの出力特性がどの程度影響を受けるか，防汚コートがモジュール上への積灰抑制にどの程度効果があるか，などについて調

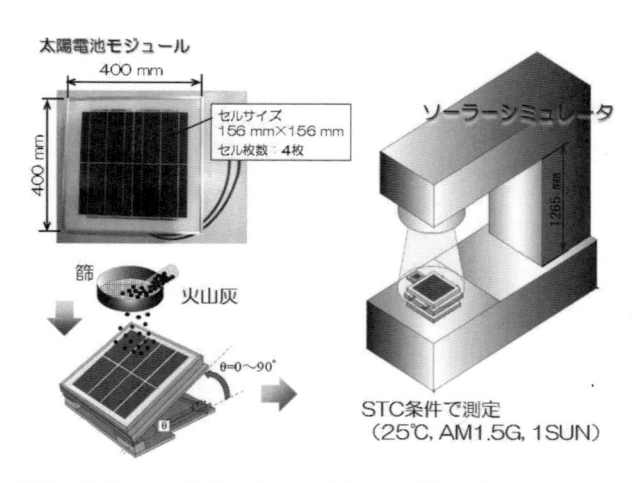

図13　使用した太陽電池モジュール外観と降灰模擬実験の方法

べた結果について，次節に示します．

7　降灰模擬実験による測定結果

7.1　太陽電池モジュールへの火山灰の堆積・付着特性

　太陽電池セルなしの模擬モジュールを用いて，まず太陽電池モジュール用カバーガラスの表面状態と火山灰の堆積・付着状況の関係を調べた結果を図14に示します．ガラスの表面状態は，表面処理なしの標準のもの，防眩処理をしたもの，防汚コート処理をしたものの3種類です．同図は，模擬モジュールを所定の角度に傾斜後に50gの火山灰を降灰させたときの実験結果です．

　まず防眩処理のガラスの結果を見ると，設置角度45°においては，防眩処理ガラスへの火山灰の付着量が標準ガラスと比べて多くなっていることがわかります．設置角度60°においても，防眩処理ガラス上には粒径の細かい火山灰の付着が標準ガラスと比べて多いことも確認できました．つまり，防眩ガラスは，

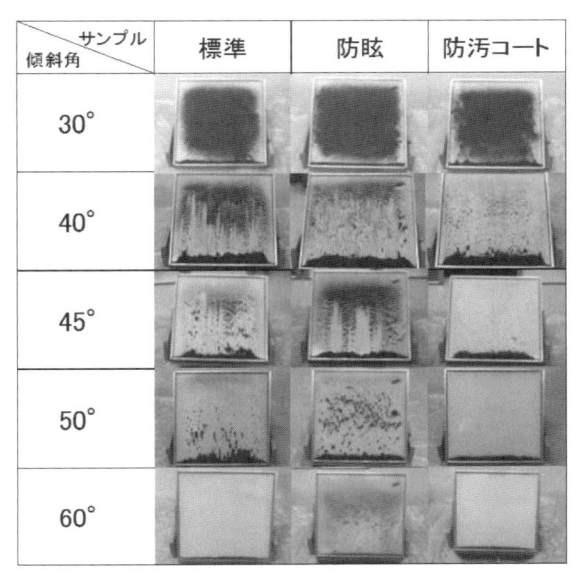
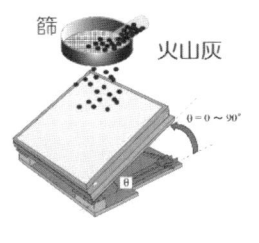

※ 火山灰：垂水道の駅，降灰量50g／サンプル（約300g/㎡））

図14　ガラス表面状態と火山灰堆積・付着状況の測定例

ガラス表面の凹凸により，標準ガラスより火山灰が付着し易くなるという結果が得られました．

　次に，防汚コート処理ガラスの結果を見ると，設置角度40°から堆積した火山灰が滑落する量が標準ガラスに比べて多くなり，設置角度45〜50°においては，火山灰の堆積防止効果がより顕著に見られました．設置角度が30°までは，いずれのガラスにおいても火山灰の滑落はほとんど見られないことや，ガラス上に堆積・付着しやすい火山灰の粒径は，150 μm程度以下の細かい粒径の火山灰であることもわかりました．また防汚コート処理ガラスでは，設置角度が45°前後で火山灰が堆積し難くなることもわかりました．通常の太陽電池モジュールの設置角度は20〜30°ですが，降灰地域に適した発電量最大化のための設置角度が存在するということになります．

7.2　積灰によるモジュールの出力特性への影響（水平設置時）

　図15は標準モジュールの設置角度θを水平（θ = 0°）にして火山灰Cを降灰させたときのモジュールの上の積灰状況を示したものです．火山灰の粒径は，500 μm篩下，180 μm篩下，100 μm篩下，45 μm篩下の4種類を用いた結果です．同図より同じ降灰量でも粒径の違いによりモジュール上の積灰状況は大きく異なっており，特に100 μm篩下及び45 μm篩下の火山灰では

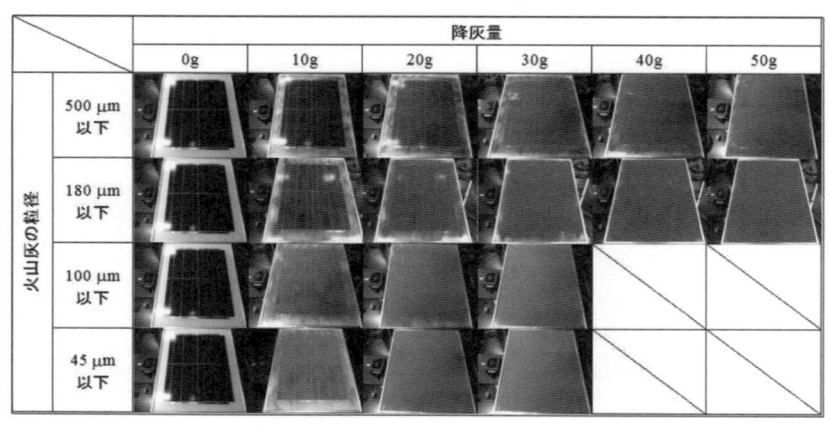

図15　降灰量とモジュール上の積灰状況（火山灰C）

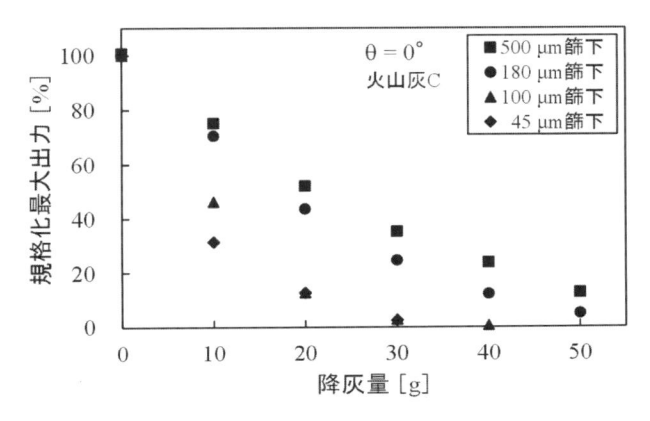

図 16　降灰量と最大出力の関係（火山灰 C）

降灰量 20 g においてセルが見えなくなる程度にモジュール上に堆積している
ことが見て取れます.

　図 16 はこのときの降灰によるモジュールの出力低下特性の測定結果です.
同図の横軸は降灰量, 縦軸は測定最大出力を降灰前の最大出力値で規格化した
規格化最大出力電力です. 降灰量の増加により, モジュールの出力は低下し,
降灰量 10 g（約 60 g/m²）でも粒径によってはその出力が半減あるいはそれ以
下になり, 同じ降灰量でも粒径が小さい方が出力低下は大きくなることがわか
りました. 火山灰 D は火山灰 C より小さい粒径の粒子を多く含むため, その
出力低下の割合も火山灰 C と比較して大きくなりました. 同じサイズの篩下
の火山灰であっても, 粒径の小さい粒子を多く含む火山灰 D の方が火山灰 C
より出力の低下が大きいという結果が得られています.

7.3　積灰によるモジュールの出力特性への影響（傾斜設置時）

　図 17 は設置角度 θ を変化させて 45 μm 篩下の火山灰 D を降灰させたとき
の標準モジュールと防汚コートモジュールの出力低下特性の測定結果です. 縦
軸は両モジュールの測定最大出力を降灰前の標準モジュールの値で規格化した
値としています. 設置角度が 40° から標準モジュールに対する防汚コートモジ
ュールの優位性が見え始め, 設置角度が 45° においてその優位性は顕著になっ

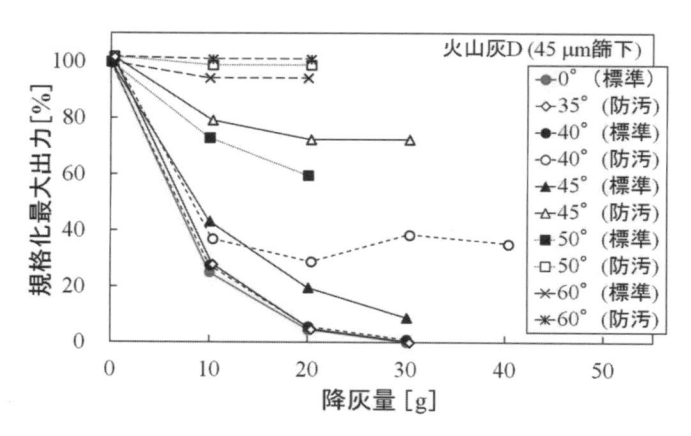

図17 モジュール設置角度による出力低下特性の比較（45 μm 篩下の火山灰 D）

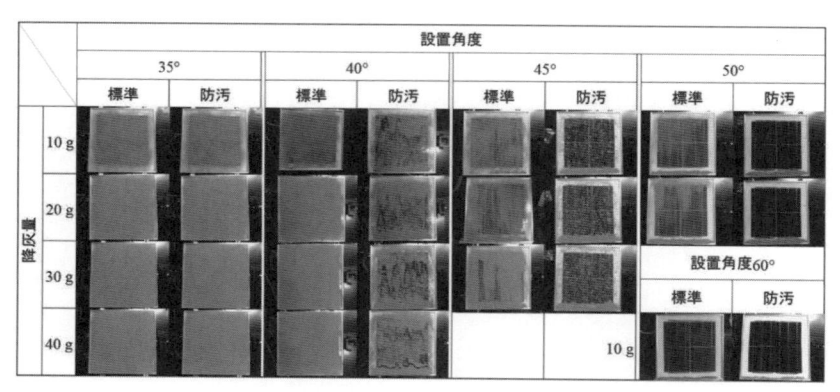

図18 設置角度を変えて降灰させたときのモジュール表面の積灰状況（45 μm 篩下の火山灰 D）

ています．設置角度 50° においては，標準モジュールにおいても火山灰の滑落量は多くなりますが，防汚コートモジュールにおいては，降灰させた火山灰のほぼ全てが滑落する状況となり，出力の低下はほとんどなくなことがわかりました．

　図18 には設置角度を変えて降灰させたときのモジュール表面の積灰の状況を示しました．標準モジュールに対する防汚コートモジュールの優位性は，設置角度が 40 〜 60° の間で見られ，設置角度が 45° 付近が最も顕著になりました．また，降灰量が多くなるほど防汚コートの優位性が大きくなる結果が得られま

した.

8　まとめ

　本プロジェクト研究で得られた知見をまとめると, 次のとおりです. まず, 太陽電池模擬モジュールを用いた降灰模擬実験により, 以下のことが明らかになりました.

(1)　太陽電池用カバーガラスへ付着しやすい火山灰の粒径は, $150~\mu$ m 程度以下の細かい粒径の火山灰である.

(2)　防眩処理ガラスは, 表面処理を施していないガラスと比較して火山灰が付着しやすい傾向にある.

(3)　防汚コートガラスでは, ガラス表面への火山灰の堆積・付着防止に効果がある. 防汚コートガラスによるこの効果は, 設置角度 40° 以上から確認でき, 45 ～ 50° においてより顕著である.

　また, 太陽電池モジュールを用いた降灰模擬実験により, 以下のことが明らかになりました.

(1)　モジュール水平設置時の特性において,
- ・降灰量が 10 g（約 60 g/m^2）程度（火口より 20 km 以遠での降灰量相当）で, 出力は半減する.（粒径 100 μ m 以下で）
- ・単位面積当たりの降灰量が同じでも, 火山灰の粒径が小さくなると, 出力の低下が大きくなる.

(2)　モジュール設置角度を変化させたときの特性において,
- ・防汚コートの優位性は, 設置角度が 40 ～ 60° の間で見られ, 設置角度が 45° 付近が最も顕著である.
- ・降灰量が多くなるほど, 防汚コートの優位性が大きくなる.
- ・粒径の小さい粒子を多く含む火山灰の方が, 防汚コートによるモジュール上への火山灰の堆積抑制効果は大きい.

　以上の実験結果と降灰による発電量の低下を考慮すると, 防汚コートモジュ

ールを使用した場合の降灰地域における設置角度は 45° 前後が適していると考えられます．鹿児島地域において，設置角度を最適角度とされている 30° から 40 ～ 50° 程度に大きくしても，斜面日射量の低下率は約 2 ～ 5 ％ 程度ですので，設置角度を大きくしてモジュールに降灰が堆積しにくい状況にした方が全体としての発電量低下は低い値に抑えることが可能となると考えられます．なお，設置角度を大きくすることで，モジュール自体の影や反射光といった問題点が生じてくるので，これらについても考慮する必要があります．これらに関しては降灰による発電量の低下の程度との兼ね合いとなるため，今後の検討課題となります．

　本プロジェクト研究で得られた知見は，工場からの煤煙，黄砂対策などの微粉塵対策への拡張も可能であり，また，現在，砂漠に設置されているメガソーラーの砂対策へも拡張が可能です．なお，ここに示した降灰模擬実験による測定結果は，乾燥した湿度の低い環境下での結果です．湿度が高い場合には，測定結果にも影響を及ぼすことが考えられますので，湿度をパラメータとした同様な特性データの収集・蓄積が今後，必要であることも本実験を通じてわかりました．

謝辞

　本研究は鹿児島大学と鹿児島県工業技術センター及び産業技術総合研究所との三者連携体制で実施したものです．また，本研究の一部は，一般社団法人日本電機工業会からの受託研究として行ったものです．ここに謝意を表します．

引用文献

佐藤勝昭「太陽電池のキホン」ソフトバンククリエイティブ（2011）

"The Physics of Solar Cells", Jenny Nelson, Imperial College Press（2003）

「固定価格買い取り制度　価格と期間，毎年度見直し」日本経済新聞，2018 年 9 月 11 日朝刊

「九電，太陽光停止要請も」日本経済新聞，2018 年 9 月 1 日朝刊

日経エレクトロニクス「仮想発電所が多数出現へ　電力, IoT, EV, AI が融合」（2018.7）

第5章
次世代エネルギーを活用したまちづくりへの挑戦！
〜「超スマート！」みんなで創るエネルギーのまちの未来〜

久保信治

1　はじめに（薩摩川内市の概観）

　薩摩川内市は薩摩半島の北西部に位置し，南は県都鹿児島市といちき串木野市，北は阿久根市に隣接する本土区域と，上甑島，中甑島，下甑島で構成される甑島区域で構成されており，島しょ部（シマ），市街地（マチ），山間部・農村部（ヤマ）等の多様な地域特性を有しているところが特徴であり，当市では「日本の縮図」として，エネルギー等の実証の場にと国，県，企業，団体等へPR しています．

　当市の総面積は約 683 km² で県内第1位であり，鹿児島県の総面積（9186.99 km²）の約 7.4 % を占めています．市域の約 66 % を林野，約 8 % を耕地が占め，川内川等の1級河川，藺牟田池などの湖沼，白砂青松が美しい海岸線など多種多様な自然景観が存在しています．

　当市は平成 16 年 10 月 12 日，川内市・樋脇町・入来町・東郷町・祁答院町・里村・上甑村・下甑村・鹿島村の1市4町4村が合併して誕生しました．（図1参照）

2　なぜ薩摩川内市が次世代エネルギーに取り組むのか

　薩摩川内市に立地する基幹電源施設（原子力発電，火力発電，内燃力発電）の総出力は 293 万 kW に上り，九州地域の市民生活や経済活動に必要な電力の供給において重要な役割（九州地域の約 1/4 の電力供給を賄っています）を果たしてきました．

　一方，当市の人口は，生産年齢人口（15 歳以上 65 歳未満の人口）の市外流

川内川

ナポレオン岩（下甑）

とうごう
東郷

けどういん
祁答院

さと
里

せんだい
川内

かみこしき
上甑

かしま
鹿島

ひわき
樋脇

いりき
入来

しもこしき
下甑

■ 総面積
　682.92 平方キロメートル（平成 28 年 2 月 24 日国土地理院発表）
■ 総人口
　96,076 人（平成 27 年国勢調査）
■ 世帯数
　40,686 世帯（平成 27 年国勢調査）

図1　位置図

出を主な理由とし，平成 22 年に 10 万人を割り込んだ後，平成 27 年は 9.6 万人となっています．今後も人口減少は続き，2060 年には，6.9 万人弱にまで減少すると見込まれています．生産年齢人口の減少は，当市の強みである製造業での労働力確保に大きな影響を及ぼすほか，医療，福祉，宿泊業，飲食サービス業など本市の弱みである第 3 次産業の成長にもさらに悪影響を与え，地域産業の空洞化に繋がっていくことが心配されています．

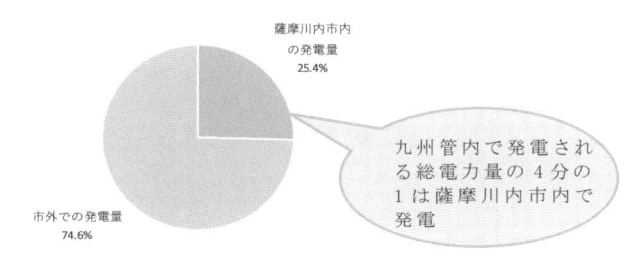

図a　薩摩川内市の発電量

3　基本的事項

3.1　薩摩川内市の目指す社会像

　前述した人口減少や少子高齢化などの課題の解決のため，薩摩川内市では，次世代エネルギー分野を地域成長戦略の一つに捉え，基幹エネルギー供給だけでなく，次世代エネルギーの利用拡大を一層進めることで，基幹エネルギーの供給基地として歩んできたこれまでの「エネルギーのまち」から，次世代エネルギーの供給や利活用（賢い使い方）を柱とするエネルギー構造に転換した新たな「エネルギーのまち」を目指します．

　また，このようなエネルギー構造転換の過程において，エネルギーに対する

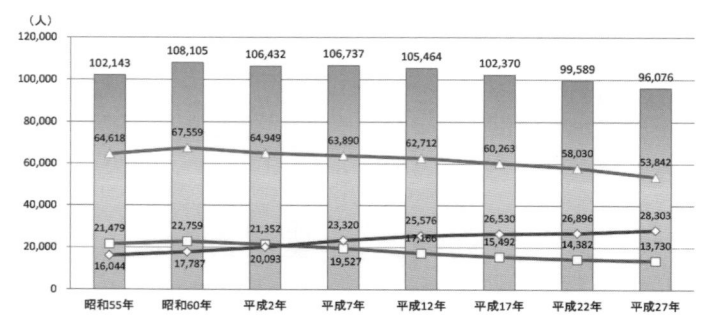

図2　国勢調査人口の推移　　　　　出典：各年の国勢調査

図3　総人口・年齢区分別人口の将来展望　　　出典：薩摩川内市人口ビジョン

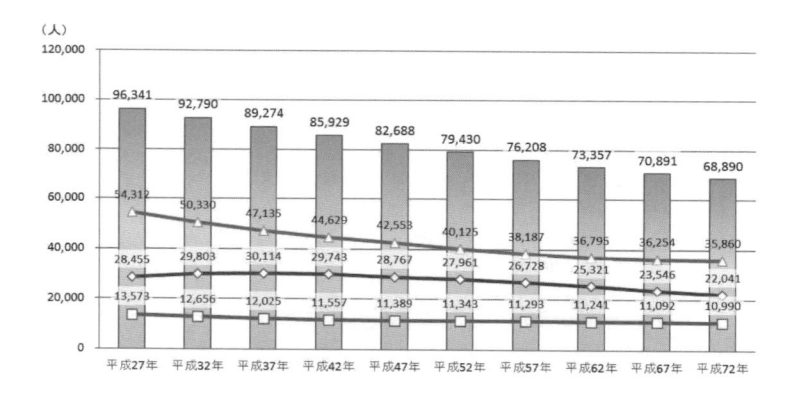

図b　薩摩川内市の目指す社会像

市民理解の更なる向上が図られるとともに，エネルギー関連市場の拡大によって持続可能な地域産業構造へと転換する地域社会の実現を合わせて目指します．

＜薩摩川内市が目指す姿＞

①市民理解の向上

　　具体的な内容や取り組みの必要性までを含め，次世代エネルギーやエネルギー関連産業に関心を有している市民がほとんどとなっています．

②エネルギー構造の転換

　　次世代エネルギーの導入とエネルギーの地産地消を推進しています．

③産業構造の転換

　　既存のエネルギー関連産業の維持・強化が図られ，エネルギー産業への新規参入がみられるようになっており，エネルギー産業との関わりを維持拡大したい事業が増え，新産業分野のビジネスが創出されるなど，持続可能な産業構造への転換が始まっています．

産業分類別の将来イメージ

■第一次産業（農林漁業など）

例）

○木質バイオマス発電に伴いチップ燃料の需要が増大することで，木材生産及びチップ製造・供給による収益が拡大し，林業経営の安定と担い手の創出に寄与しています．（図4）

○熱電併給型バイオマス発電またはバイオマス熱利用による熱供給を受け，低コストで低環境負荷を売りにする高付加価値のブランド農産物の生産や，新たな農林漁業ビジネス（植物工場，陸上養殖等）の取り組みに繋がっています．

図4　林業のイメージ

■第二次産業（製造業，建設業，エネルギー産業など）

例）

○市内の製造業や建設業が中心となって，次世代エネルギーに関連する高付加価値な設備や部材を開発・製品化し，市内はもとより全国からの受注に繋げています．

○次世代エネルギー関連の機械・装置産業の市内集積が進み，その結果創出される新たなビジネス環境（設備や部材の製造等）に対し，市内製造業が十分に溶け込んでいます．（図5）

○次世代エネルギー導入プロジェクトの拡大に伴い，施設の建設，運用及び維持管理に携わる機会が増加しています．

○地域の自然資源を最大限に活用し，熱，電気及び水素等のエネルギーを生み出し安価で安定的に供給する，次世代エネルギーに特化したエネルギー産業を形成しています．

図5　製造産業のイメージ

■第三次産業（運輸業，商業，サービス業など）

例）

○市内に数多く立地する次世代エネルギー設備を巡るエコツアー等による交流人口の増加に伴い，運輸，旅館・ホテル，飲食業及び商店等を利用する訪問客が増加しています．

○自ら次世代エネルギー導入に取り組むことで，売電収益の確保またはエネルギーコストの低減を果たし，高い付加価値と優れた競争力サービスを提供しています．

図6　見守りサービスのイメージ

○市内で生み出した次世代エネルギーの市内需要家への小売りに加え，地域に根付いた生活関連サービスの提供（図6），地元企業と連携した共同事業などにも広く取り組む地域エネルギー会社が設立され，市民生活の向上や地域の活性化などに好影響を与えています．

3.2　施策の方向性

薩摩川内市が持続的に経済発展を続けていくためには，地域毎に異なる課題を，地域特性や地域住民のニーズ等を踏まえながら解決することが重要です．

課題解決のためには，国のエネルギー政策を注視しつつ，当市の上位計画である総合計画及び総合戦略等との整合性を確保しながら，次世代エネルギーの作り方や使い方，更には既存エネルギーの賢い使い方を組み合わせ，市民生活の質の向上や魅力（都市ブランド力）向上にも繋がる具体的な取り組みを検討し進めています．

これらの要素を踏まえ，ビジョンの方向性として重視すべき点は，「市民」，「企業」，「教育関係者」等と協働で，暮らし方や働き方の変革を促し，持続的に発展するまちづくりを進めることです．

これを受けて，当市の方向性を明確に示すべく，以下のキャッチフレーズを掲げています．

> ## 超スマート！　薩摩川内市
> ### 〜みんなで創るエネルギーのまちの未来〜

このキャッチフレーズは平成25年3月に策定した，次世代エネルギービジョンの委員会で決定されたものですが，現在においても陳腐化していないと考えています．

また，併せて具体的事業実施に向けた取り組みの方向性について，以下の3つの柱として集約しました．

①安全・安心・快適な市民生活の実現（以下，市民生活）

　市民のエネルギーに対するさらなる意識の向上を図りつつ，エネルギーの使い方にも配慮した新しい生活様式を確立して，安全・安心・快適なまちづくりを目指します．また，地域コミュニティの結びつきを高める環境の整備や，地域内の人やモノが移動しやすい環境の整備を進めていきます．

②多様なエネルギー源と地域資源を有効に活用した産業の振興（以下，産業活動）

　市内の地域資源を有効活用しつつ，エネルギー関連企業の誘致や関連産業の育成による雇用やまちの活力の創出を図ります．次世代エネルギー等を活用することによる製品や各種サービスの高付加価値化を進めていきます．

③豊かな市民生活を支えるエネルギーのまちとして充実した基盤の整備

　地域の産業振興に貢献する産学官連携を伴う次世代エネルギー導入に関連する技術開発等を進めていきます．

3.3　施策を進めるにあたり重視する視点

　当市が抱える課題に対し，その解決の方向性を見極めるため，次の2つの項目を「重視すべき視点」として念頭に置いて，具体的事業の実施に当たっています．

①薩摩川内市固有の地域特性を十分に活かした「薩摩川内らしさ」という視点

　当市には，自然環境，従来からの産業，地区コミュニティ等の地域資源があります．そして，エネルギーのまちとして発展してきた当市にあって，市民のエネルギーに関する意識は高く，この意識の高さも重要な地域資源といえます．こうした特徴を十分に活用し「薩摩川内市らしさ」を前面に押し出し事業を進めていきます．

②これまでにない技術開発や技術の導入，新しい産業の育成という視点

　エネルギーに対する意識の変革と共に，技術動向も変わりつつあります（図7）．近年，より注目を集めるようになった再生可能エネルギーや，これまでも積極的に取り組まれてきた省エネルギー技術だけでなく，供給側の負担を需要側で軽減するような技術として，スマートグリッドや，エネルギー管理システム等が提案されています．

　そこで，市内企業や，大学，教育機関等と連携し，こうした技術に対する

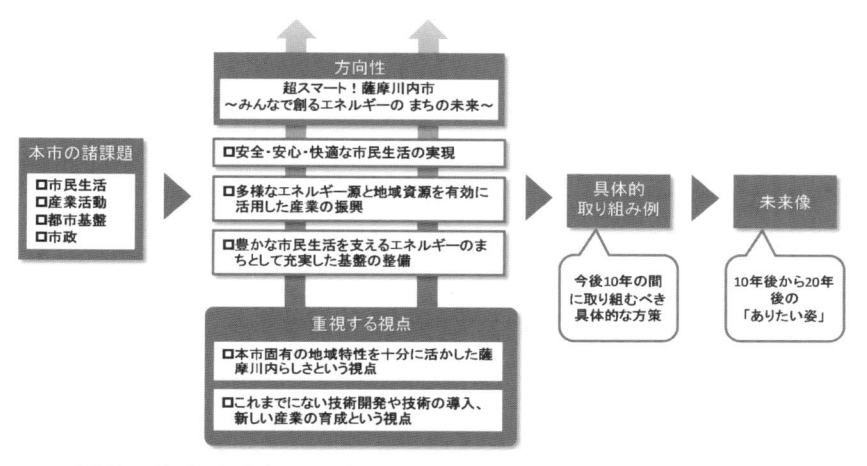

図 7　方向性と重視する視点等の位置づけ

　研究開発を進め，市内に関連技術やノウハウ等を蓄積し，さらにその技術やノウハウを市内企業に展開し，新たな産業を育成することや，既存の製品，サービスの高付加価値化につなげるという視点で事業を進めています．

3.4　次世代エネルギービジョン・行動計画の関係と未来像

　「3.2 方向性」と「3.3 重視する視点」をもとに，今後 10 年の間に取り組むべき具体的な方策について，平成 25 年 3 月に「薩摩川内市次世代エネルギービジョン」と「薩摩川内市次世代エネルギービジョン行動計画」を策定しました．「市民生活」，「産業活動」，「都市基盤整備」の 3 つの柱に沿って，新しい生活様式の確立や関連産業の振興などの 10 の取り組みテーマを設定し，各テーマにおける 10 ～ 20 年後のイメージと具体的事業を例示しました．

＜図 9 未来像の説明＞……具体的未来像のイメージ

①　「エネルギーのまち薩摩川内」の市民は，大人から子供までエネルギーの作り方や使い方に関する意識が高く，行政と積極的に協働し，高齢者や子育て世代をはじめとする幅広い世代が健康に暮らし，様々な世代の交流が活発な，安全，安心，快適なまちづくりが進んでいます．市内で生産さ

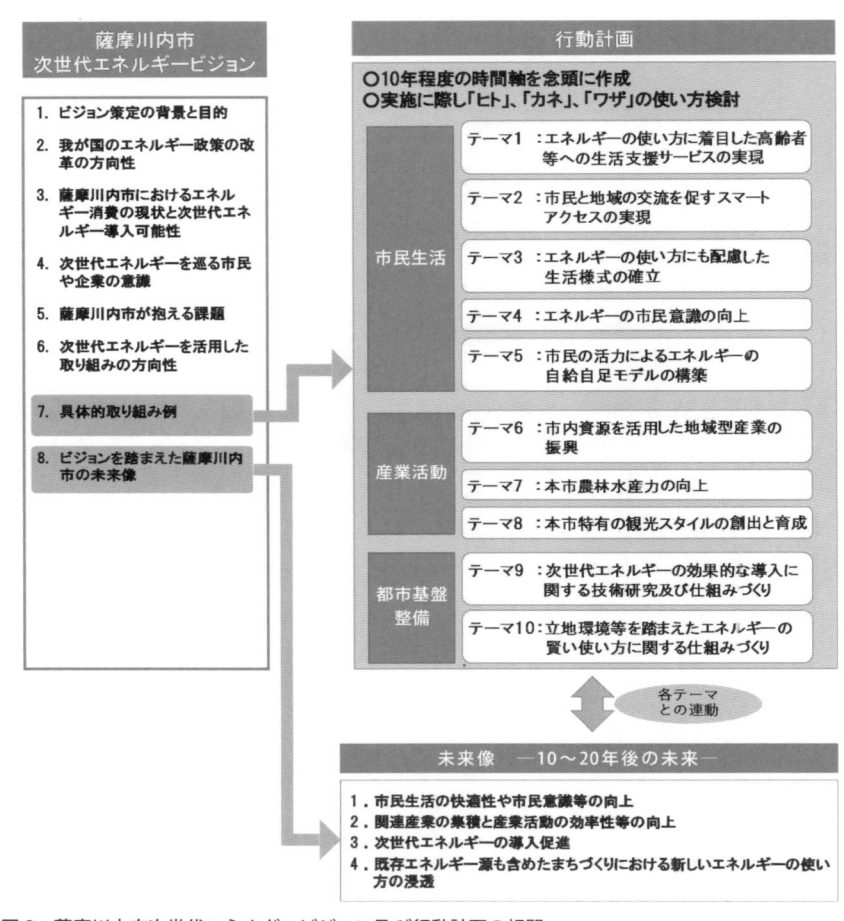

図8　薩摩川内市次世代エネルギービジョン及び行動計画の相関

　れた環境に配慮した農産物や魚介類等が広く流通し，地産地消が進んでいます.

② 　市内の交通の利便性が向上し，多くの住宅や公共施設には太陽光発電等が設置され，地域特性を踏まえて多様な次世代エネルギー源やそれらを支える各種技術が導入され，無駄のない上手なエネルギーの使い方が浸透しています.

　多くの市民が地域コミュニティ活動に積極的に参加し，市民が集う各種

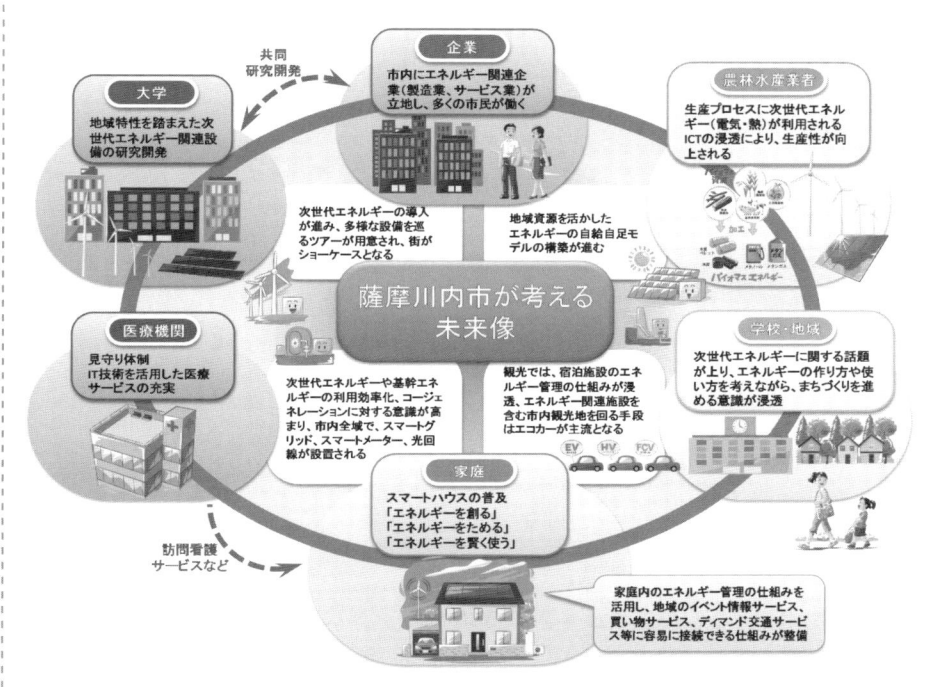

図 9　次世代エネルギービジョンに描かれる未来像

　　イベントや催し物では次世代エネルギーが活用されて，にぎやかに開催されており，また，小学校や中学校等においては，行政や地元企業の連携によるエネルギーに関する授業が行われ，子供たちは楽しくエネルギーについて学んでいます．

③　家庭，コミュニティ，事業所等，地域全体で既存エネルギーから次世代エネルギーまで，その使い方に着目した新しい取り組みが行われ，他の地域のモデルとなる事例が数多く対外発信されています．

④　エネルギー関連産業等の育成や導入に官民一体となって取り組んできた結果，市内の各種産業が活性化し，多くの市民が市内で働き，将来を担う若い世代もやりがいを持って働くことができる環境が整備されています．市民の働く職場では，次世代エネルギーの導入が積極的に進められ，無駄のないエネルギーの使い方が浸透しています．

また，観光や農林水産業の分野においても，次世代エネルギーを活用した取り組みが実施され，製品やサービスの価値も上がっています．これらの取り組みにより，市外からも多くの人たちが訪れて，さらに，大学や企業等が共同で関連設備の研究開発を進め，この技術を用いた製品の製造やサービスが市内で提供されています．

　以上が，薩摩川内市の「未来像」のイメージであり，そのイメージに向けて，当市では取り組みみを加速化しているところであります．

　それでは，主な取り組みを以下にご紹介します．

4　主な取り組み事例の紹介

4.1　エネルギーの使い方に着目した高齢者等への生活支援サービスの実現（テーマ 1）

①見守り支援サービス実証事業（図 10 参照）

　65 歳以上の高齢者宅に宅内情報（電力使用量や温度，湿度等）を感知するセンサーなどを設置し，使用電力量などの情報を活用した見守り支援サービスの事業化に向けた実証試験を行いました．（平成 26 年〜 27 年実施）

　地元の鹿児島純心女子大学の教授に，見守り項目に対する専門的な観点から評価及び助言をいただきながら実証を進めました．

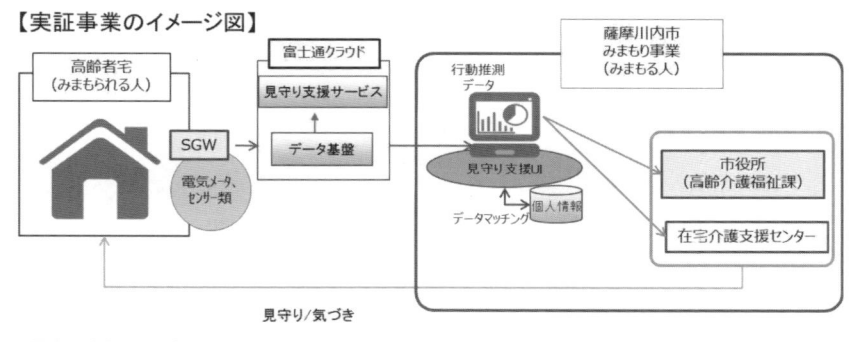

図 10　見守り支援サービス実証事業

4.2　エネルギーの使い方に配慮した生活様式の確立（テーマ 3）

①スマートハウス（モデル）実証事業

　次世代エネルギーに関する具体的な設備等を市民等に提示し，意識の変革を促すために川内駅東口付近にスマートハウスを建設し，来訪者に対し，「創エネ」「蓄エネ」「省エネ」を体感してもらう見学施設として活用しています（平成 26 年 10 月完成）．

　また，まちづくりの拠点として市民参加型の対話の場として活用し，併せて「フューチャーセンター機能」を持たせ，ワークショッププログラムによる市民活動をサポートしています．

4.3　エネルギーの市民意識の向上（テーマ 4）

①次世代エネルギーフェア（写真 3）

　次世代エネルギービジョン・行動計画に掲げる「行政と市民のパートナーシップの構築」を進めるため，幅広い市民層への理解促進や普及啓発を図るとともに，今後の市民参画による政策の実現に向けた契機とするものとして次世代エネルギーフェアを開催し，「体感」や「実感」機会の提供，関連企業製品等展示，エネルギー学習会 など多角的な普及啓発事業を実施しています．

写真 1　スマートハウス

写真 2　イベント風景

写真3　次世代エネルギーフェア

②コミュニティ FM（FM さつませんだい）を活用した普及啓発（図 11）

　『次世代エネルギーを活用したまちづくり』を推進していくためには，幅広い市民の理解促進を図ることが必要不可欠です．

　そのため，有効なツールであるコミュニティ FM（FM さつませんだい）を活用し，不特定多数の幅広い市民層のリスナーに対して，きめ細やかな情報提供及び普及啓発を実施しております．

　平成 26 年 4 月から，番組枠（毎週金曜日 8 時〜 8 時 30 分）を購入し，通年

図11　コミュニティ FM（FM さつませんだい）を活用した普及啓発

での情報発信を行っています.

　平成 30 年 9 月末現在で 235 回実施しており,課員のスキルアップはもとより,実証をしているパートナー企業の出演など, 幅広く楽しく PR 活動を行っております.

③次世代エネルギーブックレットによる出前授業の実施（写真 4）

　きめ細かな普及啓発を行うため,市内在住の児童・生徒等を対象にブックレット（小冊子）を作成しました.

　このブックレットを活用し, 併せて, 当市のエネルギー施設等を紹介する地図や 32 面体／クシュクシュ地球儀等も盛り込んだ楽しい出前授業を実施しております.

　平成 24 年度から 30 年度まで予定も含め実績は, 小学校 59 校, 中学校 6 校になります.

写真 4　出前授業

4.4　市民活力によるエネルギー自給自足モデルの構築（テーマ 5）

①総合運動公園防災機能強化事業（写真 5）

　総合運動公園を再生可能エネルギー等による独立電源等（太陽光発電・蓄電池等）を活用して「防災機能強化」を図り, 当市の次世代エネルギー推進のモデルとして整備しています.

　設備内容は, 太陽光発電設備（670 kW〈一般家庭約 200 世帯分〉, うち, 全

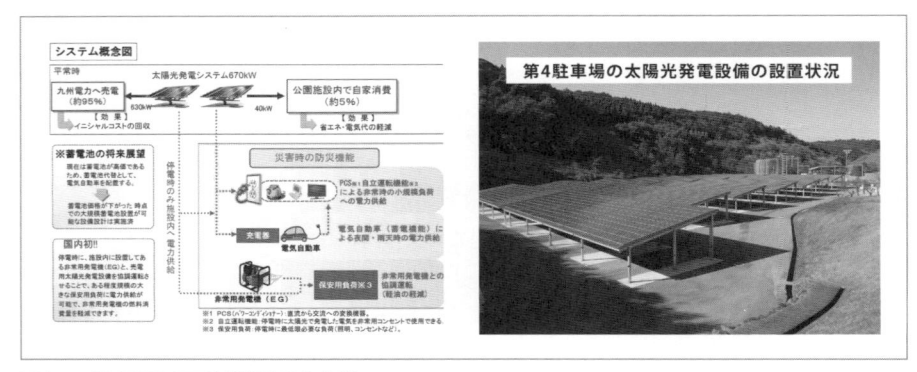

写真 5　総合運動公園防災機能強化事業

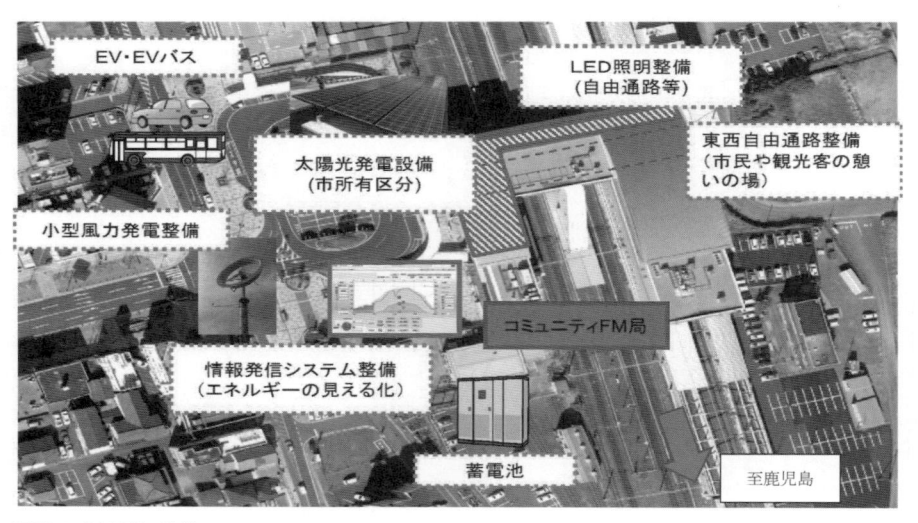

写真 6　川内駅の整備

　量売電用 630 kW，自家消費用 40 kW）を導入し，停電時に売電用の太陽光発電設備から同施設内に電力を供給できる仕組みを平成 26 年 2 月から構築し運転開始しています．

　平成 29 年 1 月に定置型蓄電池（57.6 kWh）を設置し，更なる防災機能強化を図りました．

　特徴は，整備導入をリース方式にし，設計施工メンテナンスまで一括発注

ふりがな 氏　　名		年齢　　歳	
住　　所	郵便番号　　　－		
Eメール			
職業又は 学校名		電話(自宅 ・ 職場) 　　(　　　　　)	
購入書店名 （所在地）		購入日	月　　日

書名 （　　　　　　　　　）愛読者カード

本書についてのご感想をおきかせください。また、今後の企画についてのご意見もおきかせください。

本書購入の動機（○で囲んでください）

A　新聞・雑誌で　（　紙・誌名　　　　　　　　）
B　書店で　　C　人にすすめられて　　D　ダイレクトメールで
E　その他　（　　　　　　　　　　　　　　　　　）

購読されている新聞, 雑誌名

新聞　（　　　　　　　）　雑誌　（　　　　　　　）

直 接 購 読 申 込 欄

本状でご注文くださいますと、郵便振替用紙と注文書籍をお送りします。内容確認の後、代金を振り込んでください。（送料は無料）		
書名		冊
書名		冊
書名		冊
書名		冊

し，売電収入を 20 年間で収支 0 以上にしたことです．売電単価（固定買取制度）が高い初期段階で，工夫した点として評価を頂いております．

②川内駅ゼロエミステーション化（低炭素化）事業（写真 6）

当市の玄関口で市民活動の拠点である「川内駅」を，平常時は次世代エネルギー情報発信拠点，非常時は次世代エネルギーを活用した防災拠点として，次世代エネルギー設備等の導入（太陽光・風力・蓄電池・EMS・照明の LED 化）について，平成 28 年 3 月に整備が完了しました．

4.5　市内資源を活かした地域型産業の振興（テーマ 6）

①メイドイン薩摩川内街路灯の開発（写真 7）

市民へのアンケート調査において，まちの困りごととして 43.3 ％指摘されていた「街灯が少なく夜が暗い」という課題に，当市 18 事業者と 2 学校の産学官連携で，"メイドイン薩摩川内" 独立電源型街路灯の開発と製造を行っております．「開発後は，随時，市内の必要な場所（例えば避難場所等）に予算をつけて設置する」＝出口支援した形で，併せて市内産業振興策も狙った施策です．

②薩摩川内市竹バイオマス産業都市構想（図 12）

当市のみならず，本地域，鹿児島県の地域資源であると同時に放置竹林や竹害等の地域課題でもある「竹」に着目し，「竹」の有する特性を活かした多様かつ徹底的な利活用による産業振興や雇用創出，地域振興を目指すものです．

写真 7　メイドイン薩摩川内独立電源型街路灯「スマコミライト」

図 12　竹バイオマス産業都市のイメージと調印式

　当市の地方創生の具体的な取り組みとして，着実かつ円滑に実施・推進するために平成 27 年 7 月に産学官金連携による「薩摩川内市竹バイオマス産業都市協議会」を設立しました（参加団体：106（オブザーバーを含む）平成 30 年 9 月末現在）.

4.6　観光スタイルの創出と育成（テーマ 8）

①甑島 EV レンタカー，超小型モビリティ実証事業（図 13）

　甑島の国定公園化を後押しし，併せてエコアイランドとして当市独自の観光スタイルの創出と育成を図るため，EV（電気自動車）3 台を休日はレンタカーとして，平日や閑散期は公用車として導入しました（平成 25 年 8 月 1 日から平成 28 年 3 月まで実証）．

【導入車両】
三菱自動車工業（株）
i-MiEV（アイミーブ）

【導入車両】
トヨタ車体（株）
COMS（コムス）

甑島のグルメとコムスを
セットにした "コムスランチパック"

図 13　甑島 E V レンタカー、超小型モビリティ実証事業

高速船で甑島へ

「高速船 甑島」

「高速船ターミナル

災害時には『非常用電源』として活用。

低床ノンステップバス

（往復距離約 28km）

（防災訓練での活用）

川内駅
（充電設備の設置）

図 14　川内駅～川内港シャトルバスとして電気バスの活用

　併せて甑島に EV 超小型モビリティ（トヨタコムス）を 20 台導入し，支所，レンタカー業者，地区コミ等による実証実験を通じて，市民生活の利便性向上と島暮らしのブランド向上を図りました．

②川内駅～川内港電気バス実証事業（図 14）

　平成 26 年春の本土と甑島を結ぶ高速船の就航に合わせ，国土交通省の補助事業を活用し，川内駅～川内港待合所間のシャトルバスとして電気バスを平成 26 年 4 月 2 日から運行開始しました．

　市民の足や観光資源にとどまらず，災害時には電源としても活用することも想定しており，平成 26 年 5 月に開催された防災訓練において，避難所の設営・運営を実施しました．

　デザインは JR 九州「豪華列車／ななつ星 in 九州」の工業デザイナー水戸岡氏にお願いしました．

　甑島観光ラインとして，九州新幹線，川内駅，電気バス，高速船ターミナル，高速船甑島までデザインを統一することで観光の魅力度アップを図っています．

4.7　次世代エネルギーの効果的な導入に関する技術研究及び
　　仕組みづくり（テーマ9）

①小鷹井堰地点らせん水車導入共同実証事業（図15）

　水力発電開発で困難な低落差での開発促進と市民に対する普及啓発を図るため，日本工営㈱と共同で小水力発電設備の実証事業を行っています（平成27年6月9日から運転開始）．

　導入したらせん水車（30 kW）は，10 kW を超えるらせん水車として国内第1号となります．

　なお，実験により生じた電気は，隣接する清流館（物産施設）で使用し，余剰電力は九州電力へ売電しています．

　併せて，電気自動車（EV）日産リーフを配置して，発電電力を環境価値の高い電力として使用する実証も行っております．

　具体的には，小鷹水力発電所（らせん水車）が発電した電気を電気自動車（EV）に充電し，清流館が行う宅配サービス等に活用するものです．

　当該車両は，地元と共同実証事業者の日本工営（株）とがカーシェアリング

図15　らせん水車実証事業と電気自動車による実証

を行うものでもあり，当市への車両配置に合わせて，電気自動車の航続性能や充電インフラ環境のPR等のために，平成28年7月に日産自動車㈱との連携により，前配置先（福島県須賀川市）から当市までの2333kmをリレー形式で繋ぐ『EVリレーマラソン』を実施しました．

②甑島リユース蓄電池導入共同実証事業（図16）

再生可能エネルギーの接続制限のある甑島に，出力変動の大きい再生可能エネルギーを導入するため，住友商事㈱と共同で，定置型蓄電池より経済性の高

図16　甑島リユース蓄電池

いEVのリユース蓄電池（車として使ったあとの蓄電池）システムを活用した実証事業を行っています．

旧浦内小学校にリユース蓄電池システム（約600 kWh）と太陽光発電設備（100 kW），上甑老人福祉センターに蓄電池（約24 kWh）と太陽光発電設備（10 kW）の災害対策パッケージを設置し，モデル事業の検証を行います．

平成27年10月末に完成し実証試験を開始し，平成28年3月からリユース蓄電池システムとして，日本で初めて実系統に接続しました．

現在，島内の再エネ出力を安定化させる世界初の実証を進めています．

③こしき島「みらいの島」共同プロジェクト（写真8）

前述の定置型蓄電池より経済性の高いEVのリユース蓄電池システムを活用した実証事業を行う住友商事（株）と，日産自動車（株）との共同で電気自動車（e-NV200）を40台，平成29年4月に導入しました．

40台の電気自動車は，日産自動車（株）から公募により選定したPRモニター（貸与先事業者）に3年間無償貸与され，貸与者は，普通充電器の設置，任意保険の加入，アンケートや取材等への対応，情報発信やPR等の実証事業に積極的に参加しています．

（右上）　今回40台導入した日産e-NV200と本プロジェクトのロゴ
（左上）　九州日産（株）の馬場代表取締役社長からの鍵の贈呈
（左下）　車両の導入披露式での岩切市長の挨拶

写真8　電気自動車（e-NV200）40台導入式

併せて，観光や商業，農業，水産加工業，教育，福祉等の様々な業種やニーズに活用されることによる「島のブランド化」を目指しております．

今回の40台の導入で，島内を走る電気自動車に搭載されているバッテリー（蓄電池）が使用されることで，同じ定置型の蓄電池として再利用するという一連のサイクルを"実感"できる「みらいの島」としてPRしております．

是非，甑島に訪れて二つの実証事業を見てみませんか．

5 おわりに

5.1 薩摩川内市内の発電施設導入状況について

薩摩川内市は，これまでのエネルギー供給の地としての知見と多様な地形や豊富な自然エネルギー潜在量を活かす取り組みを通して，地域課題を解決する

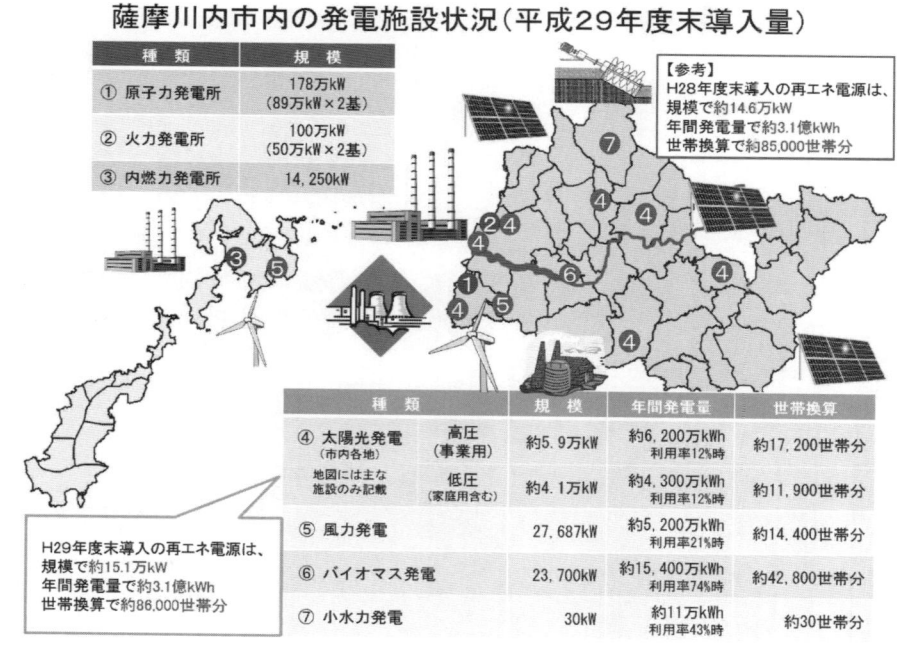

図17 薩摩川内市内の発電施設状況

「エネルギーを処方箋」として，未来像を共有し，3 つの柱と 10 のテーマを示して進めてきました．

現在の発電施設は以下（図 17）の通りです．

薩摩川内市は約 4 万世帯であるので，単純計算で言えば再生可能エネルギーだけで電力を賄えることになります．

今後は，大規模風力発電所建設や洋上風力発電所，地熱や温泉熱を活用した発電所も検討されています．

5.2　構想推進により描く薩摩川内市の未来像

このように，当市は，地域課題を明らかにし，その課題を「エネルギーを処方箋」として，テーマに分類して庁内横断の施策として取り組んでいます．

特にわかり易い取り組みは「竹バイオマス産業都市構想」です．地域の資源でもあり，地域の課題でもある竹に着目し，竹を有効に活用する事業化プロジェクトを策定，実現に向けた取り組みを推進することにより，「経済価値」「環境価値」「社会価値」の 3 つの価値の創出（未来像の実現）を目指しています．

「経済価値」の創出とは竹等のバイオマス資源を活用することで，地方創生の具体的取り組みとして，付加価値の高い産業の育成と雇用創出を実現すること，「環境価値」の創出とは，事業の推進に伴い，森林保全に努め，温暖化対策としての低炭素社会の実現を図ること，「社会価値」の創出とは，雇用環境や生活環境の良さ等を通じて，定住人口の増加を図り，住みやすい薩摩川内市を実現していくことです．

この 3 つの価値の創出によって，放置竹林の拡大，林業の衰退，担い手不足等の地域課題の解決と新しい社会システムの構築による産業振興や雇用創出に繋げることでの持続可能な地域モデルの確立という「未来像」の実現を同時に目指しています．

この竹バイオマスの取り組みモデルは，これまで実証・検証してきたものや，これから検討しようとしている例えば公共交通をエネルギーと ICT と自動運転によりシームレス化するなど，都市の魅力や，まちのブランド化を構築するときの検討プロセスに活用できます．ほかの案件も同様です．

薩摩川内市の次世代エネルギーを活用した「超！スマートな」まちづくりの

挑戦は，「未来像」を見据え，時には着実に，時にはどこにもない思い切った施策を，スピード感をもって進めていくことが重要と考えております．

　まずは，エネルギーのまちの未来像を実現化していく上で，「いろいろな気づき」を我がまちのものにすることが必要であり，地域資源をどのように活かすかが成功に導くことになります．

　例えば，これまで秋から春にかけて，薩摩川内市内は霧が深いと感じていましたが，その現象自体が日本の中でも実は素晴らしい素材であると気づき，当市では「川内川あらしプロジェクト」として地域資源を活かそうとしています（写真9参照）．

　このように成功の方策＝気づきには限りがありません．

　将来像実現のためにも，チーム「薩摩川内市」としてのチームワークや，素材と素材を組み合わせるアイデア，情報の質を高めるための可能性の素材を追求することが大切と考えています．

　そのためアフター5を含めた情報共有・情報交換は欠かせません．

写真9　川内川あらし（出典：川内川あらし公式ホームページ）
　　　（https://www.sendaigawaarashi.com/）「川内川あらし　検索」

■ 執筆者紹介（五十音順）

川畑 秋馬（かわばた　しゅうま）
1964 年，霧島市生まれ
鹿児島大学理工学域工学系教授
専門分野：超伝導電力応用，加速器用マグネット
著書：『交流超電導技術開発の動向（技術報告 第 599 号)』（1996 年，電気学会，分担執筆）

木下 英二（きのした　えいじ）
1966 年，佐賀県生まれ
鹿児島大学理工学域工学系教授
専門分野：熱機関工学，バイオ燃料
著書：『バイオディーゼル　その意義と活用』（2008 年，鹿児島 TLO，共著）

久保 信治（くぼ　しんじ）
1962 年，鹿児島県薩摩川内市生まれ
薩摩川内市商工観光部次世代エネルギー対策監（担当部長）

五島 崇（ごしま　たかし）
1978 年，東京都生まれ
鹿児島大学理工学域工学系助教
専門分野：気泡工学，触媒反応工学，流動層工学，マイクロ化学工学，超音波工学

鮫島 宗一郎（さめしま　そういちろう）
1962 年，鹿児島県生まれ
鹿児島大学理工学域工学系准教授
専門分野：無機材料化学，セラミックス
解説：「メタンと二酸化炭素を含む実バイオガスからの多孔質電気化学反応器を用いた水素 ― 一酸化炭素混合燃料の製造」（Journal of the Society of Inorganic Materials, Japan, 25, 443-450 (2018), 共著）

下之薗 太郎（しものその　たろう）
1980 年生まれ，鹿児島県生まれ
鹿児島大学理工学域工学系助教
専門分野：無機材料化学

平田 好洋（ひらた　よしひろ）

1953 年，鹿児島県生まれ

鹿児島大学理工学域工学系教授

専門分野：高機能性セラミックス材料

著書：『無機材料化学（改訂版）』（2005 年，三共出版，分担執筆），『化学便覧 応用化学編 I 第 7 版』（2013 年，丸善出版，分担執筆）など

堀江 雄二（ほりえ　ゆうじ）

1961 年，鹿児島市生まれ

鹿児島大学理工学域工学系教授

専門分野：電気電子材料，固体物理学，物理教育

著書：『粉体の表面処理・複合化技術』（2018 年，テクノシステム，共著）など

山地 克彦（やまじ　かつひこ）

1971 年，東京都生まれ

（国研）産業技術総合研究所 省エネルギー研究部門エネルギー変換技術グループ グループ長，鹿児島大学客員教授

専門分野：固体科学，電気化学など

吉留 俊史（よしどめ　としふみ）

1962 年，鹿児島県生まれ

鹿児島大学理工学域工学系准教授

専門分野：分析化学

再生可能エネルギー
—— 鹿児島での取り組み ——

発　行　日	2019年3月31日　第1刷発行	

編　　　者	鹿児島大学重点領域研究「エネルギー」グループ	
装　　　丁	オーガニックデザイン	
発　行　者	向原祥隆	
発　行　所	株式会社 南方新社	

〒892-0873　鹿児島市下田町292-1
電　話　099-248-5455
振替口座　02070-3-27929
URL http://www.nanpou.com/
e-mail info@nanpou.com

印 刷・製 本	株式会社 イースト朝日

	**奄美群島の野生植物と栽培植物** ◎鹿児島大学生物多様性研究会 定価（本体 2800 円＋税）	世界自然遺産の評価を受ける奄美群島。その豊かな生態系の基礎を作るのが、多様な植物の存在である。本書は、植物を「自然界に生きる植物」と「人に利用される植物」に分け、19 のトピックスを紹介する。
	**奄美群島の外来生物** —生態系・健康・農林水産業への脅威— ◎鹿児島大学生物多様性研究会 定価（本体 2800 円＋税）	奄美群島は熱帯・亜熱帯の外来生物の日本への侵入経路である。農業被害をもたらす昆虫や、在来種を駆逐する魚や爬虫類、大規模に展開されたマングース駆除や、ノネコ問題など、外来生物との闘いの最前線を報告する。
	**奄美群島の生物多様性** —研究最前線からの報告— ◎鹿児島大学生物多様性研究会 定価（本体 3500 円＋税）	奄美の生物多様性を、最前線に立つ鹿児島大学の研究者が成果をまとめる。森林生態、河川植物群落、アリ、陸産貝、干潟底生生物、貝類、陸水産エビとカニ、リュウキュウアユ、魚類、海藻……。知られざる生物世界を探求する。
	**写真でつづるアマミノクロウサギの暮らしぶり** ◎勝　廣光 定価（本体 1800 円＋税）	奥深い森に棲み、また夜行性のため謎に包まれていたアマミノクロウサギの生態。本書は、繁殖、乳ねだり、授乳、父ウサギの育児参加、放尿、マーキング、鳴き声発しなど、世界で初めて撮影に成功した写真の数々で構成する。
	**奄美の絶滅危惧植物** ◎山下　弘 定価（本体 1905 円＋税）	世界中で奄美の山中に数株しか発見されていないアマミアワゴケなど貴重で希少な植物たちが見せる、はかなくも可憐な姿。アマミエビネ、アマミスミレ、ヒメミヤマコナスビほか 150 種。幻の花々の全貌を紹介する。
	**鹿児島環境学Ⅰ** ◎鹿児島大学 鹿児島環境学研究会 定価（本体 2000 円＋税）	21 世紀最大の課題である環境問題。本書は、研究者をはじめジャーナリスト、行政関係者等多彩な面々が、さまざまな切り口で「鹿児島」という地域・現場から環境問題を提示するものである。
	**鹿児島環境学Ⅱ** ◎鹿児島大学 鹿児島環境学研究会 定価（本体 2000 円＋税）	本書は、鹿児島・奄美を拠点とする研究者、ジャーナリスト、行政関係者が、それぞれの立場から奄美の環境・植物・外来種・農業・教育・地形・景観についての現状・課題を論じ、遺産登録への道筋を模索するものである。
	**鹿児島環境学Ⅲ** ◎鹿児島大学 鹿児島環境学研究会 定価（本体 2000 円＋税）	最後の世界自然遺産候補地・奄美群島（琉球諸島）、中でも徳之島は、照葉樹林がまとまって残る森林、豊富な固有種など、最も注目すべき島である。本書は、鹿児島・奄美を拠点とする研究者らが奄美の最深部・徳之島に挑む。

ご注文は、お近くの書店か直接南方新社まで（送料無料）
書店にご注文の際は「地方小出版流通センター扱い」とご指定下さい。